バイオテクノロジー教科書シリーズ 1

生命工学概論

<small>東京大学名誉教授　理学博士</small>
太 田 隆 久 著

コロナ社

バイオテクノロジー教科書シリーズ編集委員会

委員長　太田　隆久（東京大学名誉教授　理学博士）

委　員　相澤　益男（元東京工業大学長　総合科学技術会議議員）工学博士

　　　　田中　渥夫（京都大学名誉教授　工学博士）

　　　　別府　輝彦（東京大学名誉教授　農学博士）

（五十音順，所属は2009年4月現在）

刊行のことば

　バイオテクノロジーは，健康，食料あるいは環境など人類の生存と福祉にとって重要な問題にかかわる科学技術である。

　古来，人類は自身の営みの理解と共に周辺の生物の営みから多くのことを学び，またその恩恵を受けてきた。わが国においても多くの作物，家畜を育て，また，かびや細菌などの微生物をうまく使いこなし，酒，味噌，醬油などを作り出してきた。このような生物の利用は，自然界で起こる現象を基にしてさまざまな技術として生み出されたもので，古典的なバイオテクノロジーといえる。

　しかし，近年になり，生物の構造と機能とに関する理解が進むと，それを基にして生物をさらに高度に利用することが可能となり，遺伝子，細胞，酵素などを容易に取り扱い，各種の技術を通じて生物や生物生産物を産業に役立てる科学技術が生まれ，バイオテクノロジーと呼ばれるようになった。これは先端産業技術の一つであり，化学工業，農林水産業，医薬品工業など多くの産業分野の基盤となっているため，この分野の人材養成が急務とされている。そのため，大学や専門学校などで学部，学科の改組や，新しい学科の創設も行われている。

　従来，生物関連技術に関する教育は農学部などで，工学的な教育は工学部などで行われてきたが，バイオテクノロジーは生物学と工学の境界領域の科学技術であり，今後のこの領域の発展のためには，生物現象に対する深い洞察と優れた工学的手法の双方をもつ研究者や技術者が必要である。したがって教育においても両分野にわたって融合した形で行われることが望ましい。

本シリーズは上記の観点に立ち，バイオテクノロジーに関係する学部や学科，および関連する諸分野の学生の勉学に役立つように，バイオテクノロジーに必要な基本的項目を選び，生物学と工学とに偏ることなく，その基礎から応用に至るまでを，それぞれの専門家により平易に解説したものである。

　各巻を読むことによって，バイオテクノロジーの各分野についての総合的な理解が深められ，多くの読者がバイオテクノロジーの発展のためにつくされることを期待する。

　1992年3月

　　　　　　　　　　　　　　　　　　編集委員長　太　田　隆　久

ま え が き

　本書は，これから生命工学・バイオテクノロジーを学ぼうとする学生にその全体像をつかんでもらうために刊行したものである。

　「生命工学」とは，いわゆるバイオテクノロジー（biotechnology）の日本語訳である。バイオテクノロジーは，生物学（biology）と技術・工学（technology）とからつくられた造語で，生物のもつ優れた特性をわれわれの生活に役立てる技術を意味し，1970年ごろから使われ始めた。「生物工学」という用語もあるが，これは主として生物に関連する化学工学という意味に使われている。

　生物の特性を生活に利用する技術は古くからあり，農耕や酒，みそ，醤油などをつくる発酵技術も，広い意味ではバイオテクノロジーに入れることができる。近年，新たにバイオテクノロジー（生命工学）と改めて用語がつくられ，使われるようになったのは1953年にワトソン（Watson, J. D.）とクリック（Crick, F. H. C.）がデオキシリボ核酸（DNA）の構造が相補鎖による二重らせん構造であると提唱して以来，生命現象を分子レベルで解析することが飛躍的に進展し，それにより生物を利用する技術も飛躍的に発展した結果である。そのため，この時期以前のバイオテクノロジーをオールド バイオテクノロジー（古典的バイオテクノロジー），以後をニュー バイオテクノロジー（狭義のバイオテクノロジー）と呼ぶことがある。前者は生物現象を注意深く観察することにより，それを利用する方策を見いだし技術化したものであり，後者は生物現象の仕組みを分子レベルで理解して技術化したものである。本書で扱う生命工学（バイオテクノロジー）は後者のニュー バイオテクノロジーである。

　バイオテクノロジーの歴史については文献[†]を読まれたい。

　1章では，生命工学や生命科学を理解するための特徴的な考え方について解説した。2章では，いままで，生物・生化学系の学生と工学系の学生に生命工学全般を教えてきた経験から，生物学・生化学を学んでいない工学系の学生にもわかるように生物の構造・機能・代謝など基礎的なことも解説した。生命工

[†] 太田隆久 監修, ㈶バイオインダストリー協会バイオテクノロジーの流れ編集委員会 編集：バイオテクノロジーの流れ 改訂第2版, 化学工業日報社（2002）

学の技術（3，4章）は今後とも日進月歩で急速に進歩すると思われるが，これらの理解を助けるために，生命科学分野における最近の進歩も取り入れ，かなり広範な解説をしたので，大学や高等専門学校（高専）に入学したばかりの生物学・生化学分野の学生が生命工学の今後の発展を勉強する際にも役立つであろう．

　本書を授業で用いる場合は，1，2章を自習項目として，3章以降を講義することを想定している．3章と4章では，これらの基礎を踏まえて，生命工学分野での基礎技術と実用分野について解説した．また大学・高専の授業では取り上げることが少ないが重要な事項である規制，生命倫理，知的財産権などについても5章から7章にかけて，その概略を示した．最後の8章では今後の生物資源問題に重要な生物多様性と遺伝資源の保全の問題を取り上げた．

　本教科書シリーズの各書は本書の内容に密接に関連したものである．各書が特に関連している箇所を括弧内に挙げておくので，本書とシリーズの各書を結び付けて勉強してほしい．

　「遺伝子工学概論」（3章3.1；2章2.1.2；2章2.1.3），「細胞工学概論」（3章3.4），「植物工学概論」（3章3.4；4章4.3），「分子遺伝学概論」（2章；3章3.1），「免疫学概論」（2章2.7），「応用微生物学」（3章；4章），「酵素工学概論」（4章），「蛋白質工学概論」（2章；3章3.1；3.2；3.3；4章），「バイオテクノロジーのためのコンピュータ入門」（3章3.3），「生体機能材料学——人工臓器・組織工学・再生医療の基礎——」（4章），「培養工学」（4章），「バイオセパレーション」（4章），「バイオミメティクス概論」（4章），「応用酵素学概論」（2章2.3.8；4章），「天然物化学」（2章）

2010年3月

太　田　隆　久

目　　次

1　生命工学の見方・考え方
（概念，用語，意味の理解に向けて）

1.1　現象論的見方・考え方と構造論的見方・考え方 ……………………………… 1
   1.1.1　現象論と構造論 ………………………………………………………… 1
   1.1.2　学び方・教え方 ………………………………………………………… 3
   1.1.3　生命科学・生命工学での概念と用語の混乱 ………………………… 4
1.2　ゲノムという考え方・解析法 …………………………………………………… 7
   1.2.1　ゲノムの意味するもの ………………………………………………… 7
   1.2.2　オミックス：ゲノムから生命現象に至る各段階でのゲノム的考え方 ……… 8

2　生物の構造と機能

2.1　主要な生体物質 ………………………………………………………………… 11
   2.1.1　生体物質に働く非共有結合 …………………………………………… 11
   2.1.2　デオキシリボ核酸の構造 ……………………………………………… 14
   2.1.3　リボ核酸の構造 ………………………………………………………… 17
   2.1.4　タンパク質・ペプチドの構造 ………………………………………… 20
   2.1.5　糖鎖の構造 ……………………………………………………………… 24
   2.1.6　脂質と脂質二重層 ……………………………………………………… 28
2.2　細胞・組織・器官 ……………………………………………………………… 32
   2.2.1　細胞の構造と機能 ……………………………………………………… 32
   2.2.2　細胞分裂と細胞周期 …………………………………………………… 35
   2.2.3　アポトーシス …………………………………………………………… 37
   2.2.4　組織と器官 ……………………………………………………………… 37
2.3　生体高分子の機能・代謝 ……………………………………………………… 38
   2.3.1　複　　製 ………………………………………………………………… 39
   2.3.2　転　　写 ………………………………………………………………… 41
   2.3.3　RNA プロセシング …………………………………………………… 44
   2.3.4　RNA 干渉 ……………………………………………………………… 46
   2.3.5　逆　転　写 ……………………………………………………………… 47

2.3.6　翻　　　訳 ………………………………………………… 48
　2.3.7　タンパク質プロセシング …………………………………… 51
　2.3.8　酵　　　素 ………………………………………………… 54
　2.3.9　糖鎖の付加 ………………………………………………… 56
　2.3.10　生体高分子の分解 ………………………………………… 57
2.4　エネルギーの生成 ………………………………………………… 58
　2.4.1　高エネルギー化合物 ………………………………………… 59
　2.4.2　解糖系とTCA回路 ………………………………………… 59
　2.4.3　呼吸鎖（電子伝達系と酸化的リン酸化）…………………… 59
　2.4.4　光　合　成 ………………………………………………… 60
2.5　発　生　と　分　化 ……………………………………………… 61
　2.5.1　胚 ……………………………………………………………… 61
　2.5.2　分　　　化 ………………………………………………… 62
　2.5.3　幹　細　胞 ………………………………………………… 63
2.6　生体の情報伝達 …………………………………………………… 65
　2.6.1　細胞間情報伝達 ……………………………………………… 65
　2.6.2　細胞内情報伝達 ……………………………………………… 70
　2.6.3　他の動植物・微生物における情報伝達 …………………… 71
2.7　免　　　疫 ………………………………………………………… 73
　2.7.1　免疫に関与する細胞 ………………………………………… 74
　2.7.2　免疫に関与する主要なタンパク質 ………………………… 75
　2.7.3　自己と非自己の識別 ………………………………………… 80
2.8　生　態　系 ………………………………………………………… 82
引用・参考文献 ………………………………………………………… 83

3　生命工学の基礎技術

3.1　遺伝子・ゲノム分野 ……………………………………………… 84
　3.1.1　*in vitro* 遺伝子増幅技術 …………………………………… 84
　3.1.2　ゲノムDNAの抽出と配列の解析 …………………………… 92
　3.1.3　マイクロアレイ技術 ………………………………………… 92
　3.1.4　遺伝子多型の解析技術 ……………………………………… 97
　3.1.5　遺伝子発現解析 ……………………………………………… 99
　3.1.6　分子間相互作用の解析（タンパク質間相互作用を中心に）… 101
　3.1.7　遺伝子改変動物 ……………………………………………… 105
3.2　立体構造解析技術分野 …………………………………………… 105

3.2.1 X線回折・放射光による結晶構造解析 ……………………………… *106*
 3.2.2 中性子線による結晶構造解析 …………………………………………… *107*
 3.2.3 核磁気共鳴（NMR）法による構造解析 ……………………………… *107*
 3.2.4 極低温電子顕微鏡による構造解析 …………………………………… *109*
 3.2.5 立体構造に関するデータベースとプログラム ……………………… *111*
3.3 生命情報解析技術分野 ………………………………………………………… *111*
 3.3.1 バイオインフォマティクス …………………………………………… *111*
 3.3.2 バイオインフォマティクスを学ぶための環境の整備 ……………… *114*
 3.3.3 バイオインフォマティクスに関連するサイト ……………………… *116*
3.4 細胞・組織分野 ………………………………………………………………… *116*
 3.4.1 細 胞 培 養 …………………………………………………………… *116*
 3.4.2 組 織 培 養 …………………………………………………………… *117*
 3.4.3 細 胞 融 合 …………………………………………………………… *117*
 3.4.4 細胞内注入技術 ………………………………………………………… *118*
 3.4.5 発 生 工 学 …………………………………………………………… *118*
3.5 特定の分子・細胞の可視化技術 ……………………………………………… *119*
 3.5.1 タンパク質・ペプチドの蛍光標識 …………………………………… *119*
 3.5.2 核酸・ヌクレオチドの蛍光標識 ……………………………………… *121*
 3.5.3 糖鎖の蛍光標識 ………………………………………………………… *121*
 3.5.4 細胞内イオンの蛍光プローブ ………………………………………… *121*
 3.5.5 蛍光タンパク質 ………………………………………………………… *122*
 3.5.6 可視化のための新しい画像技術 ……………………………………… *122*
3.6 生体機能関連生産技術分野 …………………………………………………… *124*
 3.6.1 固定化生体触媒 ………………………………………………………… *124*
 3.6.2 バイオセンサー ………………………………………………………… *125*
引用・参考文献 ……………………………………………………………………… *126*

4　生命工学の実用分野

4.1 医療・薬学分野 ………………………………………………………………… *128*
 4.1.1 ゲノム創薬 ……………………………………………………………… *129*
 4.1.2 バイオ医薬品 …………………………………………………………… *131*
 4.1.3 遺伝子検査・遺伝子診断・遺伝子鑑定 ……………………………… *139*
 4.1.4 遺伝子治療 ……………………………………………………………… *143*
 4.1.5 薬理ゲノミクスと個別化医療（テイラーメード医療） …………… *146*
 4.1.6 バイオマーカー ………………………………………………………… *150*

        4.1.7 再生医療 ……………………………………………………… 152
　4.2 工業品分野 …………………………………………………………… 156
        4.2.1 産業用酵素 ……………………………………………………… 156
        4.2.2 生分解性素材 …………………………………………………… 158
        4.2.3 バイオマス ……………………………………………………… 159
        4.2.4 バイオマスエネルギー ………………………………………… 161
        4.2.5 バイオマス資材 ………………………………………………… 164
　4.3 農林水産・食品分野 ………………………………………………… 167
        4.3.1 DNA 検査・遺伝子診断 ……………………………………… 167
        4.3.2 植物分野（農作物・花卉・菌類・藻類などを含む） ……… 168
        4.3.3 畜産分野 ………………………………………………………… 173
        4.3.4 水産分野 ………………………………………………………… 176
        4.3.5 食品分野 ………………………………………………………… 177
　4.4 環境分野 ……………………………………………………………… 181
        4.4.1 メタゲノム解析 ………………………………………………… 181
        4.4.2 環境浄化 ………………………………………………………… 181
        4.4.3 コンポスト ……………………………………………………… 185
        4.4.4 内分泌攪乱化学物質（外因性内分泌攪乱化学物質，環境ホルモン）…… 186
　引用・参考文献 …………………………………………………………… 188

5　生命工学に関連する規則・規制

　5.1 遺伝子組換え実験に関する規制 …………………………………… 189
        5.1.1 遺伝子組換え生物等の使用等の規制による生物の多様性
              の確保に関する法律（カルタヘナ法）の制定 ……………… 189
        5.1.2 遺伝子組換え生物等の定義 …………………………………… 191
　5.2 ヒトに関するクローン技術および特定胚の取扱いの規制 ……… 192
　5.3 ヒト ES 細胞に関する規制 ………………………………………… 193
　5.4 ヒトゲノム・遺伝子解析研究に関する規制 ……………………… 193
　5.5 遺伝子組換え食品・農作物に関する規制 ………………………… 194
        5.5.1 遺伝子組換え食品・農作物の安全評価 ……………………… 194
        5.5.2 遺伝子組換え食品の表示 ……………………………………… 194
　引用・参考文献 …………………………………………………………… 195

6 生命倫理

- 6.1 生命倫理について ……………………………………………… 196
- 6.2 生命倫理の分野 …………………………………………………… 197
- 6.3 生命科学・生命工学から見た生命 ……………………………… 199
- 引用・参考文献 ……………………………………………………… 202

7 知的財産権の保護

- 7.1 生命工学と知的財産権 …………………………………………… 203
- 7.2 バイオテクノロジーにおける特許の問題点 …………………… 205
  - 7.2.1 特許請求権の範囲 …………………………………………… 205
  - 7.2.2 特許の対象となり得るもの ………………………………… 206
  - 7.2.3 タンパク質立体構造の場合 ………………………………… 206
  - 7.2.4 生命倫理と特許（ヒト試料・医療行為） ………………… 207
- 7.3 農林水産業（生物生産）における問題点 ……………………… 207
  - 7.3.1 農林水産業における知的財産 ……………………………… 207
  - 7.3.2 特　　許 ……………………………………………………… 208
  - 7.3.3 種　苗　法 …………………………………………………… 209
  - 7.3.4 商　標　権 …………………………………………………… 209
- 引用・参考文献 ……………………………………………………… 210

8 生物多様性と遺伝資源の保全

- 8.1 生物多様性の保全 ………………………………………………… 211
  - 8.1.1 生物多様性とは ……………………………………………… 211
  - 8.1.2 生物の多様性に関する条約（生物多様性条約）とカルタヘナ議定書 …… 212
  - 8.1.3 生物多様性の保全 …………………………………………… 213
- 8.2 遺伝資源の保全 …………………………………………………… 214
  - 8.2.1 遺伝資源とは ………………………………………………… 214
  - 8.2.2 遺伝資源の収集と保全 ……………………………………… 214
- 引用・参考文献 ……………………………………………………… 215

索　　引 ………………………………………………………………… 216

1 生命工学の見方・考え方
（概念，用語，意味の理解に向けて）

　生命工学を学ぶ人たちには生物学をあまり学んでいない工学分野の者も多いであろう。また，化学，生物化学の分野の学生たちにも生物学の基礎知識をあまり身に付けてない人もいる。このような人たちには，生物学の用語や概念がしっくりしないことがあるのを，大学での授業を通じて感じてきた。そこで読者が生命工学・バイオテクノロジーを理解する一助として，生命工学での見方・考え方について簡単に述べておく。本章で述べる用語や概念の多くは2章，3章で解説されているので，必要な場合はそれらの箇所を参照しながら学んでほしい。

1.1 現象論的見方・考え方と構造論的見方・考え方

1.1.1 現象論と構造論

　ここに述べる考え方は，生物学以外の各分野にも当てはまることではあるが，特に生命科学，生命工学の分野では古くからの生物学のものの考え方と，最近の知見についての考え方や概念が混交して初心者にはわかりにくいので，現象論と構造論の二つの考え方について概説する。

〔1〕 **現象論的な見方・考え方**

　人はその周囲のもの，現象を観察し，それらの類似性・相違点・変化などに注目し，それらの成り立ちを考えてきた。生きているものは生・成長・死があり，そうでないものと区別でき，動く生き物と土地に固着している生き物とで動物・植物を区別した。人は動物と性質を同じくするところが多いが，考え，話し，ものをつくるなどで他の動物とは明らかに異なるものと考えた。通常の

感覚では大地は不動であり，天空にある日・月・星は大地を中心として周回するとみなされ，また，その動きは一連の法則性があることを見いだした。こうして博物学，分類学が生まれ，また，星占いが生まれた。

このようにものや現象を観察しそれらを識別できる名前を付け，規則性を見いだして理解する見方・考え方を現象論的な見方・考え方と呼ぶ。

例えば，人の病気を体全体の症状を証という概念でとらえ，四診（望診：顔，舌，皮膚などの様子を診断，聞診：声の調子，呼吸音，体臭，口臭などを診断，問診：症状，生活，体調を問う診断，切診：体の特定の部位に触れて行う診断）という診断により患者の証に合う治療方針を決定する東洋医学（伝統中国医学）は現象論的考え方に基づいているといえよう。物理学においても熱力学は対象を熱を含む力学体系で解析する学問体系で，対象の内部の構造は問わないので典型的な現象論的考え方である。

〔2〕 構造論的な見方・考え方

一方，上記のように基本的な要素や構造の規則性・法則性が明らかになっていくと，ものや現象が基本的要素や概念に基づいてつくり上げられていると考えたほうが理解しやすくなる。原子（ここでは原子以下のことは考えないこととする）が一定の規則により結び付き分子が構築され，ものの性質や挙動はこの分子の性質や変化による。これを基にさらに複雑なものになり，われわれが目にするものや現象をつくり上げていると考えた方が整然とした理解が得られる。このような見方・考え方を構造論的な見方・考え方と呼ぶ。

前述の東洋医学に対して，近代西洋医学では患者の器官，組織，細胞の異常について感染・代謝変化などの原因を突き止め，それに従って治療方針を決定するので，構造論的な見方・考え方である。物理学におけるエントロピーの概念は熱力学で現象を定式化する場合に必要な要素として導入された現象論的な概念で，乱雑さの概念は含まれていない。一方，粒子の統計的振舞いから導き出された粒子のもつ自由度あるいは乱雑性の概念は構造論的概念形成によるもので，熱力学のエントロピーとは直接関係なく，ボルツマンの式 $S = k \ln W$ （S：エントロピー，k：ボルツマン定数，W：粒子の微視的状態数）で初めて

二つの概念が結び付けられるのである。この概念的な違いを明確にすることなく学ぶと学生の混乱を招くことがある。

物理学などでは，上記のエントロピーの説明は，巨視的概念と微視的概念の違いとして表されることもあるが，おおざっぱに見るか細かく見るかとの違いというより，現象をそのままとらえて概念構成していく（現象論）か，基本原理や要素から概念構成していく（構造論）ことの違いとしてとらえたほうが物理学以外でも使える概念でわかりやすい。

1.1.2 学び方・教え方

われわれが学ぶ現象の名称や概念は多くの場合，これら二つの見方・考え方が混交している。その違いが教えるほうにも学ぶほうにも判然としないままであると無用な混乱や誤解を生じる。初めての名称や概念が出てきたとき，それが現象論的なものか構造論的なものか，また，歴史上，現象論的に付けられた名称や概念が，その後の科学の進歩により構造論的解釈に変化して使われているのかを考えながら学ぶのが賢い方法であろう。

理工系の学生の多くは大学初年で物理化学を学習する。その場合，基礎として理想気体をモデルとした熱力学を教えられる。熱力学の概念は上記のように完全な現象論である。ところが熱力学の講義の途中で気体分子運動論が教えられる場合がある。気体分子運動論は構造論的考え方に立脚している。概念形成のなんたるかをまだ理解し得ない大学1，2年で現象論に立脚する熱力学の講義が始まり，途中で構造論に基づく分子運動論の講義が挿入されると概念の混乱が起こる。熱力学と分子運動論との概念の違いを理解しないまま，エントロピーの概念を乱雑度とか自由度とかの説明でお茶を濁されてしまうことがある。現象論として，系の内容に関係なく系のエネルギーという概念からの理論構築で熱力学的エントロピーが導入されることで熱力学を完結し，系が多くの粒子から構成されるという構造論から統計力学的エントロピーという概念が構築され，両者を結ぶボルツマンの式で現象論的見方と構造論的見方が折衷されているという学び方をしたほうが理解しやすいと思われる。

現象論的見方と構造論的見方はどちらがよいというものではなく，見方・考え方の違いであり，用語や概念を理解する際にどちらの考え方でつくられたものかをわきまえておくと理解しやすい。「まえがき」で述べたオールドバイオテクノロジーは現象論的考え方に基づく技術であり，一方，ニューバイオテクノロジーは構造論的考え方に基づく技術といえる。物理学・工学の分野でも屈折率や誘電率などの現象論的な概念とその数値はよく使われる。熱力学は現象論の概念としてはきわめて優れたもので，これをきちんと（統計力学的概念を交えずに）理解するのは若い研究者にとってたいへん勉強になる。また，疾患の場合でも「冷え」とか「こり」のような症状に対しては東洋医学による診断・治療のほうが，近代西洋医学より優れていると思われる。

1.1.3 生命科学・生命工学での概念と用語の混乱
〔1〕 生物学領域での問題

物理学はもちろん最初は現象論から出発しているが，理解が進むにつれて構造論的に構築するようになり，多くの場合，物理学に関する名称や概念は構造論的なものとして教えられ，学ばされる。ところが，きわめて複雑な対象である生物を扱う生物学では大半が現象論的立場に立っている。近年になり，分子生物学（構造論的という意味で名付けられたのではないが，構造論的な名称）が発達し，DNAの構造が判明することにより，多くの生命現象が構造論的見方で理解されるようになった。そのため，従来の現象論として名付けられ構築された名称や概念が，構造論的に再定義されたものがあり，生命科学や生命工学を初めて学ぶ者や，他分野の者にとっては，生物学分野の名称や概念がわかりにくいものとなっている。

〔2〕 遺伝・遺伝子・DNA

遺伝現象は子供が親に似るという現象を基にしている。仮定の話として，赤い花を咲かせる植物品種と，白い花を咲かせる品種があるとしよう。これらを掛け合わせた場合，次世代の花の色はすべて赤く，その世代の植物どうしを掛け合わせると次世代での赤と白の花の分布は約3：1になるという例がよく用

いられる．花の色を支配する要素としてRとrとがあるとしよう．個体は，両親からさまざまな性質を受け継ぐので，RR，Rr，あるいはrrの対になる要素をもつと考え，Rを一つでも含む個体の花の色は赤で，rrの場合は白い花と仮定するとRRをもつ個体とrrをもつ個体とを掛け合わせると次世代の個体はRrという要素の構成となり，それどうしの掛け合わせでは二項定理に従って$RR:Rr:rr$の比が$1:2:1$となり，赤い花はRRとRrの双方をもつもの，白い花はrrを含むものとして，この花の色の現象を説明することができ，いわゆるメンデルの法則（現象論的規則）が確立できる．ここでの要素は遺伝子（gene；gen- はギリシャ語＞ラテン語の"起源"，"基"に由来する）と名付けられ，これは物質的裏付けのある実体ではなく，想定された要素に付けられた名称である．赤い花，白い花という現象（表現型）が，想定した要素である遺伝子の組合せ（遺伝子型）できまるという理論ができあがる．

つぎの2章で説明するが，生化学の進歩により，生体反応が酵素によることが明らかにされると，遺伝子は酵素を定めている要素とするのが妥当であり，1遺伝子1酵素説といわれるようになった．さらに，ワトソンとクリックがDNA（デオキシリボ核酸）の構造を明らかにして以来，DNAの塩基配列がRNA（リボ核酸）にコピーされ，さらにこれに基づきアミノ酸配列（正式にはアミノ酸残基配列）が指定されてタンパク質が合成されるといういわゆる分子生物学のセントラルドグマで代表される構造論的見方・考え方が遺伝学に取り入れられた．その結果，遺伝子はタンパク質のアミノ酸の配列を規定しているDNA上の塩基配列であると構造論的に再定義されるようになった．最近では，後述するように生命現象のかなり多くがタンパク質に翻訳されないRNAによって制御されていることがわかり，機能的なRNAの塩基配列を規定しているDNAの塩基配列を遺伝子と呼ぶほうがむしろふさわしい．こうして上記のメンデルの法則を成り立たせる要素として導入された現象論的概念の遺伝子は，現在では構造論的に再定義されたものとなっている．しかし，それぞれの遺伝子に付けられる名称は現象を解析して見つけられ，名付けられるのでほとんどの場合，現象論的な名称である．

もう一つ例を挙げよう。染色体（chromosome；chro- あるいは chromo- はギリシャ語の"色"，-ome はギリシャ語の"もの"，"体"に由来する）は細胞の分裂時に現れ，塩基性色素で染色される構造体として（現象論的に）定義されたものであるが，現在ではある生物（真核生物を指すことが多いが，原核生物も含む場合がある）のゲノム（次項参照）を構成している DNA（プラスミドなどの DNA を含まない）がヒストン，そのほかのさまざまなタンパク質などとつくり上げている構造体を指すものとして（構造論的に）再定義されている。染色体 DNA とはあらゆる生物（ウイルスも含む）中にある DNA のうち，プラスミド DNA など副次的な DNA を含まない，その生物の主たる DNA 鎖群を指し，そこで使われている染色体という言葉には最初に定義された意味はまったく含まれていない。

　生命科学に関する分野では，こうして従来現象論的に命名・定義された名称や概念が，近年になって構造論的見方から再定義・再概念化されて使われているものがきわめて多い。このような場合，従来の現象論的見方と，現在の構造論的見方との区別や再定義・再概念化をきちんと授業で教えるべきである。本書で述べられる用語の多くは，こうしてもともと現象論的に定義されたものが構造論的に再定義・再概念化されたものである。

〔3〕 **市民と科学者の間の溝**

　いままでの議論で気づいた人もいるかもしれない。われわれは皆自分の周りのものを見たまま感じたまま理解しようとする。学問も最初は現象論的な見方・考え方から出発していた。しかし，現在，科学や技術に携わる者は教育課程で構造論的な見方・考え方を教え込まれる。一方，一般市民は周りのものを基礎から構造論的に理解してはいない。肉眼で見えないものは理解しにくいし，想像困難な基礎的概念は受け入れ難い。ましてやそれから築かれた近代科学についての知識は乏しい。「血液サラサラ」とか「悪玉コレステロール」など日常の感覚に訴える用語を聞くと本当の内容の理解がないまま，わかった気分になる。

　このような見方・考え方の違いは通常意識されないままであるので，この 2

種類の見方・考え方に立つ者どうしが話をした場合，さまざまな食い違いや，誤解が生まれる．

　組換え食品や生命倫理などについて科学者と市民とが話し合いをする際，科学者は構造論的な見方・考え方に基づいて話すが，聞いている市民にはそのような見方・考え方の素地はなく，身の回りの現象を見聞きして受け取る現象論的なとらえ方しかしない．したがって，いくら説明しても市民にはしっくりとしないし，科学者はなぜわかってくれないだろうという不満を感じる．このような場合，なるべく市民の誤解や不安を少なくするには，事象を市民が立っている現象論的な考え方に基づいて説明する必要がある．

1.2　ゲノムという考え方・解析法

1.2.1　ゲノムの意味するもの

　ある生物の仕組みを理解しようとする際，従来は生物を解体し，それを構成する器官，組織の構造と機能を調べる．さらにはそれらを構成する細胞の仕組みを解析し，その生物のタンパク質，核酸，糖質，脂質の構造と機能や，体内でどのようにつくられるかという生合成の過程，これら物質の変換経路である代謝経路を明らかにするなど，その生物を構成する各レベルの要素を個々に分析し，記載する．これらの知識を統合して組み立てる「解体・再構成による解析法」により，その生物を理解するというのが，生物学や医学の方法論である．こうして，例えば疾患についてはどのレベルの異常であるかを見つけることにより患者を治療することになる．

　最近になって，それぞれの生物を構成する情報はDNA上の遺伝子が担っていることが明確となった．複雑な多細胞生物も1個の細胞から分化しているので，その生物のすべては1個の細胞に，突き詰めれば，その細胞のもつ染色体を構成するDNA上のすべての遺伝子に，記述されていると考えられる．したがって，この遺伝情報を解析することにより，その生物のすべてが理解できるのではないかと考えられるようになった．

　以上の考えから，ある生物のもつ全遺伝情報の1組みをゲノム（genome；

gene＝遺伝子，-ome は"もの"，"体"に由来する，1.1.3 項〔2〕参照）と呼ぶ。この遺伝情報は細胞の染色体中の DNA（染色体 DNA）が担っている。ゲノムに含まれる遺伝情報を知ることができれば，その生物のすべての情報が明らかになると考え，さまざまな生物のゲノム情報を解明するゲノム計画（ゲノムプロジェクト）が進行している。

　細胞中には染色体 DNA 以外にもミトコンドリアや，植物の場合は葉緑体にも DNA があり，そのほか，細菌や酵母のプラスミドと呼ばれる DNA があるので，区別するため，それぞれを染色体ゲノム，ミトコンドリアゲノムなどと呼ぶこともある。DNA の断片でなく，ゲノム全体を含む DNA を指す場合をゲノム DNA と呼ぶことが多い。

　このゲノムを解析するという考え方は上記の従来の生物学的手法，すなわち生物をさまざまなレベルや要素に分解し，それを組み立てて全体を知るという「解体・再構成による考え方・解析法」とは異なり，ある生物のすべての情報を一元的に解析することにより，その生物全体を知るという考え方で，上記の考え方と区別すれば「ゲノム的考え方・解析法」といえよう。

1.2.2　オミックス：ゲノムから生命現象に至る各段階でのゲノム的考え方

　ゲノム DNA から生体内の代謝物に至る過程は，2 章で詳しく述べるが，**表 1.1 (a)** の「対象」の列に示したように，DNA の塩基配列が写しとられて RNA が合成される（転写過程）。この RNA のうちメッセンジャー RNA (mRNA) と呼ばれる RNA の塩基配列によって指定されたアミノ酸配列をもつタンパク質が合成される（翻訳過程）。タンパク質のうち触媒作用をもつものを酵素と呼び，この酵素によりさまざまな代謝物がつくられ（酵素反応），さらにさまざまなタンパク質により運搬されたり，修飾されたりして多様な生命現象が維持される。

　転写過程ではゲノム DNA の遺伝情報がすべて RNA にコピーされるのではなく，各器官・組織・細胞などその DNA がある場所により，また，その生物の成長過程や，日周期などの時間経過や環境に依存して，ゲノム DNA の特定

表 1.1 ゲノム的な解析法の対象とその科学（オミックス）

(a) DNA から代謝物まで

対　象	全体像	扱う科学
DNA	ゲノム	ゲノミクス
↓転写過程		
RNA	トランスクリプトーム	トランスクリプトミクス
↓翻訳過程		
タンパク質	プロテオーム	プロテオミクス
↓酵素反応		
代謝物	メタボローム	メタボロミクス

(b) その他のオミックスとその対象

対　象	全体像	扱う科学
組織全体	ヒストーム	ヒストミクス
細胞集合全体	セローム	セロミクス
脂質全体	リピドーム（脂質メタボローム）	リピドミクス
糖鎖全体	グライコーム	グライコミクス
ゲノムのエピジェネティック変化の全体	エピゲノム	エピゲノミクス
修飾（モディフィケーション）の網羅的解析	モディフィコーム	モディフィコミクス
DNA のメチル化パターン全体	メチローム	メチロミクス
スプライシングで生じるタンパク質全体	スプライソーム	スプライソミクス
タンパク質間相互作用の集合	インタラクトーム	インタラクトミクス

箇所の遺伝情報が RNA にコピーされる．これらの特定の場所・時間，すなわちある時期のある組織細胞では，DNA 情報から転写されたその細胞が置かれた環境に特有の RNA がつくられているはずである．この特定のある時期の組織細胞中の RNA 全体をトランスクリプトーム（transcriptome）と呼ぶ．これはゲノムにならって転写過程の transcription と -ome とからつくられた造語である．器官や組織，あるいは同じ細胞でも各時期でのトランスクリプトームを比較することにより，どういう状況下ではどの遺伝子が発現するのかという生命現象の基盤を解析することが可能となる．また，RNA のうちメッセンジャー RNA と呼ばれる一群の RNA の情報をもとにしてタンパク質が合成され，その一部は修飾されたのち，さまざまな機能を発揮する．したがって，上記のトラ

ンスクリプトームを示す組織や細胞においても，このタンパク質全体像であるプロテオームはトランスクリプトームとは異なる全体情報をもっているはずである。こうして，さまざまなレベルでの生産物全体像が考えられる。

これら全体像にギリシャ語由来の学問を意味する -ics を付加したものをそれらを扱う科学の名称としている。例えばゲノム（genome）におけるゲノミクス（genomics，ゲノム科学）やトラスクリプトームにおけるトランスクリプトミクスである。

こうしてある状況下にある生物がもつ各レベルにおける生産物の全体像をまとめて調べるというゲノム的な考え方が確立され，表1.1に示すようにさまざまなレベルでの全体像把握という研究が進められるようになった。表（a）にはゲノム DNA から代謝物に至るまでの各レベルでの全体像とそれを扱う科学の名称，表（b）にはさまざまな細胞群や代謝物などにおける名称の一部を挙げた。このような科学は総称してオミックス（omics）と呼ばれる。

ゲノムを扱う科学，ゲノミクスにおいても目的に応じてさまざまな領域に分かれて研究されている。例えば，薬理作用にまとをしぼった薬理ゲノミクス（ファーマコゲノミクス），医薬品候補化合物などの毒性や副作用を予測する目的の毒性ゲノミクス（トキシコゲノミクス），土壌，水圏などさまざまな環境中の生物群のゲノムから，それらが生態系で果たす役割や生物と環境あるいは生物間の相互作用を明らかにする環境ゲノミクス（エコゲノミクス）など数え切れないほどの特定化されたゲノミクスの研究が行われている。

このようにして生命科学には従来の解体と再構成（分析と統合）型の生物学の解析法とは異なる方法論（ゲノム的解析法）が生まれていることを理解してほしい。

2 生物の構造と機能

本書中,生命工学の基礎と応用の理解に最低限必要な生物および生物の構成要素について解説する。詳細は,本シリーズの他書[1]～[7]†,および生化学(生物化学)の専門書[8]などを参照されたい。

2.1 主要な生体物質

生体物質が他の有機化合物と大きく異なる点は,各種の高分子が生命機能に巧妙に使われていることである。生物に欠かせない遺伝情報や生体反応の維持は核酸,タンパク質,多糖など生体高分子によってのみ可能である。また,低分子である脂質の集合体である脂質二重層は高分子ではないが,高分子に匹敵し,特異な機能をもっている。本節では生体高分子と脂質について概観する。

2.1.1 生体物質に働く非共有結合

分子どうしや分子間では多様な力が働いているが,生体高分子や脂質二重層の分子内,分子間では多様な非共有結合をつくる力が特に重要である。

〔1〕 静電的相互作用

生体高分子中ではアミノ基,アミノ酸のヒスチジンのイミダゾール基,アルギニンのグアニジル基が水中で正電荷をもち,カルボキシル基,リン酸基,硫酸基などが負電荷をもつため,これらの間で静電的相互作用を生じる(図 2.1

---

† 肩付き数字は,章末の引用・参考文献の番号を表す。

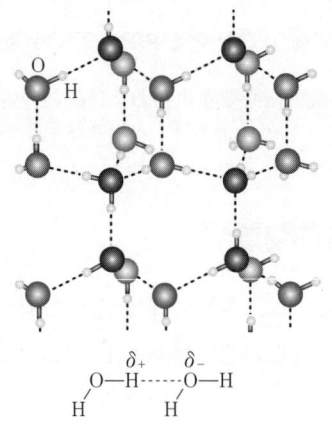

(a) 静電的相互作用

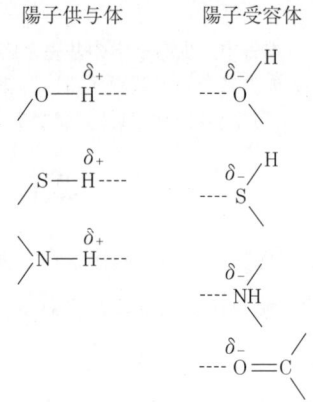

(b)-1 氷の構造。破線は水素結合，δ_+ および δ_- は電荷の偏りを示す。以下同様

(b)-2 さまざまな水素結合

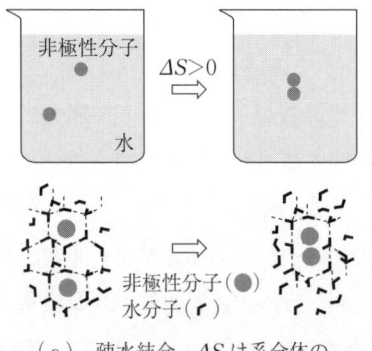

(c) 疎水結合。ΔS は系全体のエントロピー変化

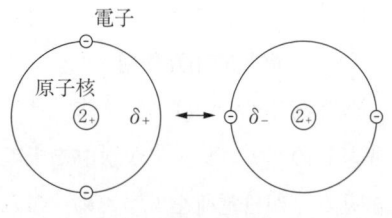

(d) 非極性相互作用

図2.1 生体物質に働く非共有結合

(a))。タンパク質中のペプチド結合（CO-NH 間の結合；2.1.4 項参照）では CO 部分は負，NH 部分は正の電荷を帯び，分極している。このような分極による双極子は双極子間あるいは電荷との間で静電的相互作用をもつ。広い意味ではつぎに述べる水素結合，分散力も静電的相互作用に基づく。

〔2〕 水 素 結 合

水分子は電気陰性度の高い酸素原子により，水素原子の電子が引き寄せられるために，酸素原子（O）は負（δ_-）に，水素原子（H）は正（δ_+）に分極するために水素原子を仲立ちとする引力（水素結合）ができ，図 2.1（b）-1 に示したように，氷の結晶では水素結合ネットワークによる隙間の多い規則的な構造となる。

生体物質には酸素（O），窒素（N），硫黄（S）など電気陰性度の高い電子が多いので，図（b）-2 に示したような正に分極した水素（陽子，プロトン）を供給する陽子供与体と，それを受け取る陽子受容体の間で形成されるさまざまな水素結合が働いている。方向（電気陰性度の高い原子の不対電子対の方向）と距離（$0.27 \sim 0.3\,\mathrm{nm}$）とが限定されているため，構造の構築や分子の認識などに重要な働きをしている。

〔3〕 疎 水 結 合

図 2.1（c）に示したように，水中にある非極性分子や非極性基では，これらどうしの集合（ばらばらでなくなる）によるエントロピーの減少よりも，集合したときの系全体がもつエントロピーの増大のほうが大きいため，見掛け上，非極性分子どうしに引力が働くようにみえる。これを疎水結合（疎水的相互作用）という。この現象は水中の非極性分子を囲む水分子が図（c）に示した隙間がある規則構造をつくることにより溶けこむので，水中での非極性分子の周りは通常の水のかなりランダムな構造に比べて氷（図（b）-1）に似た規則的な水の構造ができ，エントロピーが減少する。非極性分子どうしが集まるとこの規則構造性の水が解放され自由水になり，エントロピーが増大すると理解されているが異論もある。いずれにしても水溶液系全体のエントロピーによる力であるので，方向性や距離依存性がない。

〔4〕 分 散 力

図2.1（d）に示したように，非極性原子は時間平均では実効双極子をもたないが，電子密度の局所的揺らぎにより瞬間双極子ができるため，原子間に弱い引力を生じる。これを分散力（van der Waals 力，非極性相互作用）と呼び，ごく近距離での力（距離 r に対して $1/r^6$ の依存性を示すといわれる）である。上述の疎水結合も非極性原子間の力であるが，水溶液中でのエントロピー的相互作用であり，分散力と混同しないように気をつけられたい。

2.1.2 デオキシリボ核酸の構造

デオキシリボ核酸（deoxyribonucleic acid, DNA）はデオキシリボースと呼ばれる五炭糖（正確には五炭糖誘導体）の 3′ 位水酸基が，別のデオキシリボースの 5′ 位水酸基とリン酸ジエステル結合でつながれた鎖状の重合体で，デオキシリボースの 1′ 位水酸基が塩基（核酸塩基）と呼ばれる基で置換されている。原子位置を示す数字は塩基の原子では 1-, 2- のように数字のまま，糖の構成原子では 1′-, 2′- のように「′」を付加して示す。つぎに述べるリボ核酸（RNA）とともに，リン酸ジエステル結合でつながれた鎖状の重合体を核酸と総称する。これの構成単位に当たる塩基 – 糖 – リン酸からなる化合物をヌクレオチド（塩基 – 糖の部分はヌクレオシド），重合した鎖状のものをヌクレオチド鎖と呼ぶ。DNA では糖がデオキシリボース，つぎに述べる RNA では糖がリボースであるので，区別する場合にはそれぞれデオキシリボヌクレオチドおよびリボヌクレオチドなどと称する。この鎖は方向性があり，一端を 5′ 末端，他端を 3′ 末端と呼ぶ。図 2.2 に DNA とその関連化合物の構造の概略を示した。

DNA を構成する塩基は 4 種類で，それらのうちアデニン（A）とチミン（T），およびグアニン（G）とシトシン（C）は，それぞれ 2 箇所，および 3 箇所の水素結合が安定して生じる配置があり，これにより生じる 2 組みの塩基の組合せを塩基対と呼ぶ。逆方向に並ぶ 2 本のヌクレオチド鎖間の塩基対が相補的に非共有結合で結び合わされ，解離会合が可能ならせん状の二重鎖構造（相

2.1 主要な生体物質　15

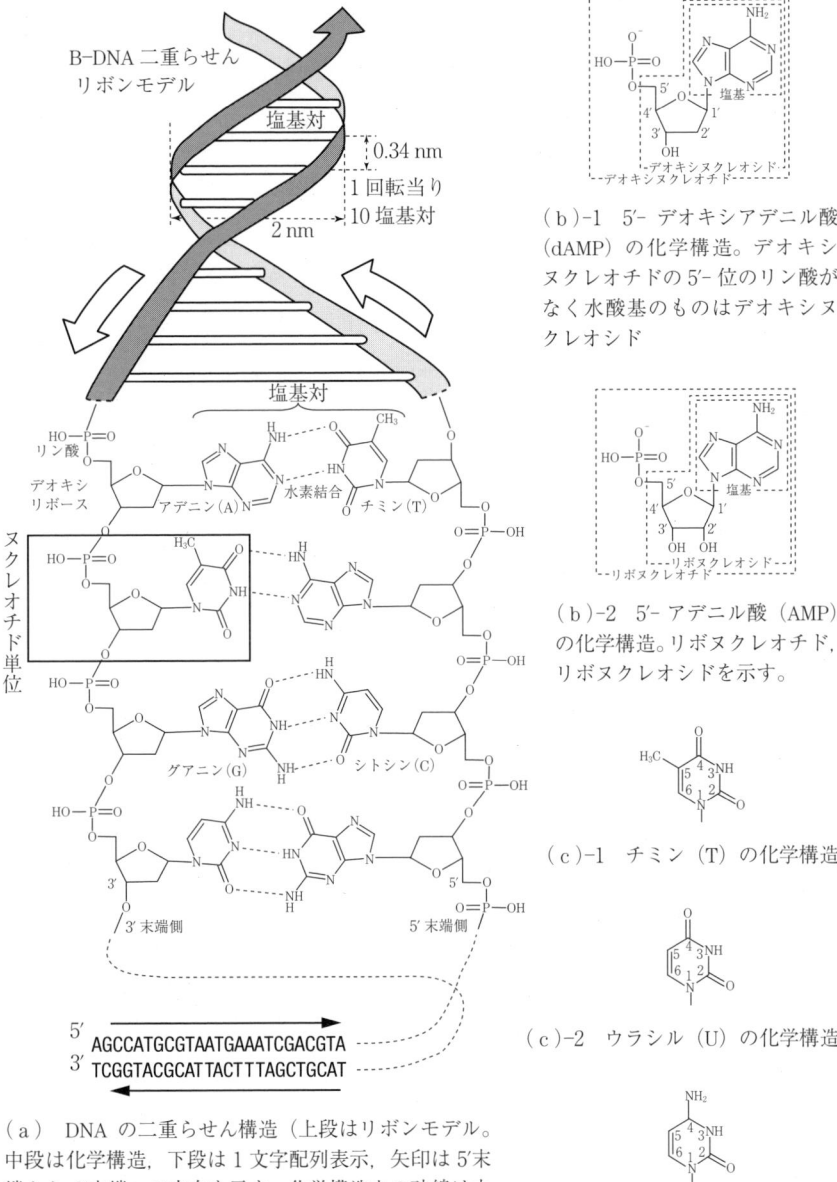

(a) DNA の二重らせん構造（上段はリボンモデル。中段は化学構造，下段は 1 文字配列表示，矢印は 5′末端から 3′末端への方向を示す。化学構造中の破線は水素結合

(b)-1 5′-デオキシアデニル酸（dAMP）の化学構造。デオキシヌクレオチドの 5′-位のリン酸がなく水酸基のものはデオキシヌクレオシド

(b)-2 5′-アデニル酸（AMP）の化学構造。リボヌクレオチド，リボヌクレオシドを示す。

(c)-1 チミン（T）の化学構造

(c)-2 ウラシル（U）の化学構造

(c)-3 シトシン（C）の化学構造

図 2.2　DNA とその関連化合物の構造

補的二重らせん，2本鎖らせん）をとることができる。らせんの階段状に並んだ塩基間の疎水結合も安定性に寄与している。DNAの長さは通常この塩基対の数で表され，単位はbp（base pair，塩基対）である。DNA中の塩基の配列は図（a）の最下段に示したように塩基の略号（A，C，G，T）を5'末端側を左に3'末端側を右方向に並べて示す。相補配列を示すときには5'および3'末端の位置を付記する。

塩基対を形成する水素結合は温度上昇により弱まるため，**図2.3**に示したように加熱により2本鎖らせんがほどけ，1本鎖ランダム構造となり，この変化をDNAの変性という。この状態の溶液をゆっくり温度を下げるとデオキシヌクレオチド鎖の相補的部分の塩基対が形成され，2本鎖に戻る。この過程をアニーリング，この操作をアニールするという。

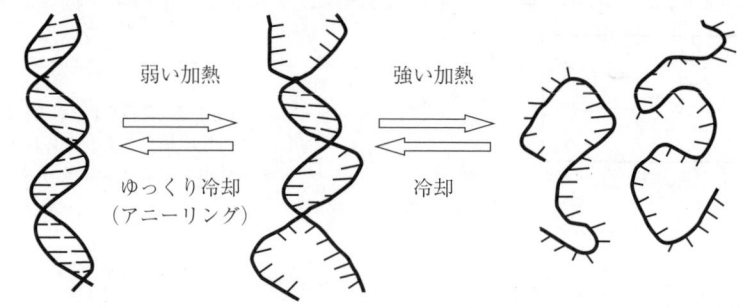

2本鎖らせん構造　　一部の弱い塩基対が壊れる　　1本鎖ランダム構造
太線はデオキシリボース-リン酸ジエステル鎖，細線は塩基を示す。

図2.3 DNAの変性

DNAは相補的二重鎖構造により，一方の鎖の塩基の配列情報から他方の鎖の情報を復元できるという情報的安定性，および二重鎖中の一方の鎖が切断しても全体の鎖構造は失われずに修復が可能であるという構造的安定性を備えている。

デオキシリボースはリボースの2'位の水酸基が水素で置換されたデオキシ誘導体で，リボースに比べると酸素が欠けている分，立体障害が少なく，DNAはA型（A-DNA），B型（B-DNA），Z型（Z-DNA）など各種の立体構造

(図2.4) をとることが可能である。A型, B型は右巻きらせん, Z型（GとCの繰返し配列のときにとる立体構造）は左巻きらせんである。B型では塩基対がらせん軸にほぼ垂直であるが, A型ではらせん径が太く, 塩基対がらせん軸に対して傾いている。つぎに述べるリボ核酸（RNA）がA型に近い構造しかとれないのと対照的である。したがって, DNAは水中では通常B型であるが, DNAとRNAのハイブリッド二重鎖ではA型に近い構造となる。また, 2'位の水酸基がないためRNAに比べて化学反応性が低く, 遺伝情報の保存に適している。

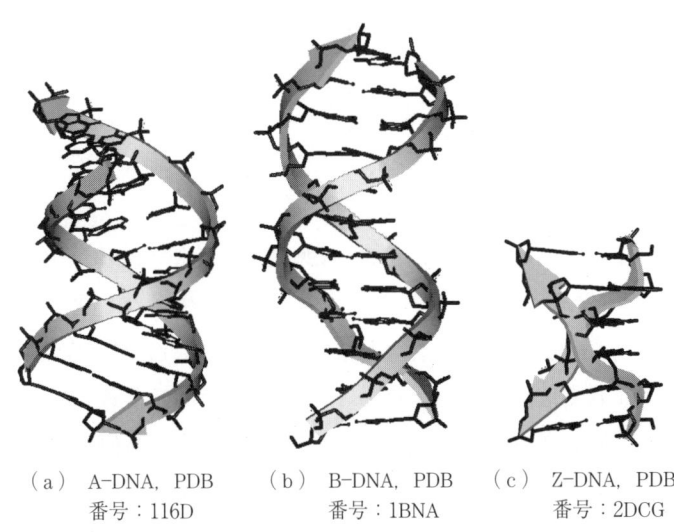

(a) A-DNA, PDB 番号：116D　　(b) B-DNA, PDB 番号：1BNA　　(c) Z-DNA, PDB 番号：2DCG

X線結晶解析による立体構造模型。PDB番号はPDBタンパク質データベース（3章参照）に登録されている立体構造の番号を示す。棒状モデルにリボンモデルを重ね合わせてある。

図2.4　DNAの立体構造

2.1.3 リボ核酸の構造

リボ核酸（ribonucleic acid, RNA）の構造は, 化学的にはDNAのデオキシリボースの代わりにリボースが使われていることと, 塩基の1種が異なることが基本的相違である。図2.2（b)-1にDNAの構造単位の一つ, デオキシアデ

ノシン 5′ー一リン酸（デオキシアデニル酸）の化学構造，図（b）-2 に RNA の構造単位の一つ，アデノシン 5′ー一リン酸（アデニル酸）の化学構造を示した．違いは図（b）-1 の 2′炭素に結合している水素が図（b）-2 では水酸基（OH）になっている点である（デオキシとは酸素がないという意味）．

DNA は 2 本のデオキシリボヌクレオチド鎖で相補的二重鎖を形成するが，RNA はこのような構造をつくらず，自己のヌクレオチド鎖内の部分的な相補的配列間で二重鎖を形成する．この二重鎖では，RNA は図 2.4（a）に示した DNA の A 型構造と類似の構造しかとれない．**図 2.5** に RNA の一種である転移 RNA（tRNA）の立体構造と配列を示した．塩基対がらせん軸に対して傾いている A 型であることが理解できよう．tRNA の部分的二重鎖領域をステム領域，ステム端で折り返している部分をループ領域と呼ぶ．RNA の長さの単位は DNA のような二重鎖をつくらないので nt（nucleotide）で表し，1 本鎖 DNA の場合もこの表記が用いられる．

RNA のリボースには 2′位と 3′位に *cis* 型幾何異性の水酸基が存在する．この水酸基どうしの間で環状のリン酸ジエステルを生じるなど化学的反応性は DNA よりも高く（安定性は DNA より低い），後述のように触媒作用も有する．

RNA に含まれる塩基は A，G，C の 3 種は DNA と共通であるが，DNA でのチミン（T）（図 2.2（c）-1）の代わりにウラシル（U）が使われている（図（c）-2）．シトシン（C）（図（c）-3）の NH_2 が脱アミノ反応により O に変化するとウラシル（U）になるため，RNA のヌクレオチド鎖上でこの反応が起こると，U と C との区別がつかなくなる危険性があり，情報担体としての安定性は低くなる．そこで，DNA ではウラシルにメチル基が付加されたチミンが使われるようになったのではないかと考えられる．デオキシリボヌクレオチドが代謝上リボヌクレオチドからつくられることなども考慮すると化学進化上，核酸は RNA が祖形であり，リボースがデオキシリボースに，また，ウラシルがチミンに代わることより，より安定な DNA がつくられて，遺伝情報を安定して保存できるように進化したと思われる．また，図 2.5 に示すように tRNA では多くの塩基が修飾されている．

2.1 主要な生体物質　　19

（a）ワイヤーフレームモデル

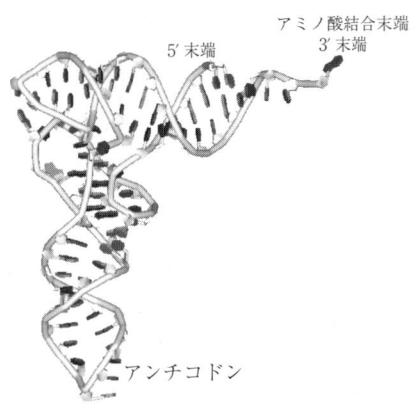

（b）チューブ・リングモデル

図（a），（b）はX線結晶解析による立体構造模型，PDB番号：1TN2

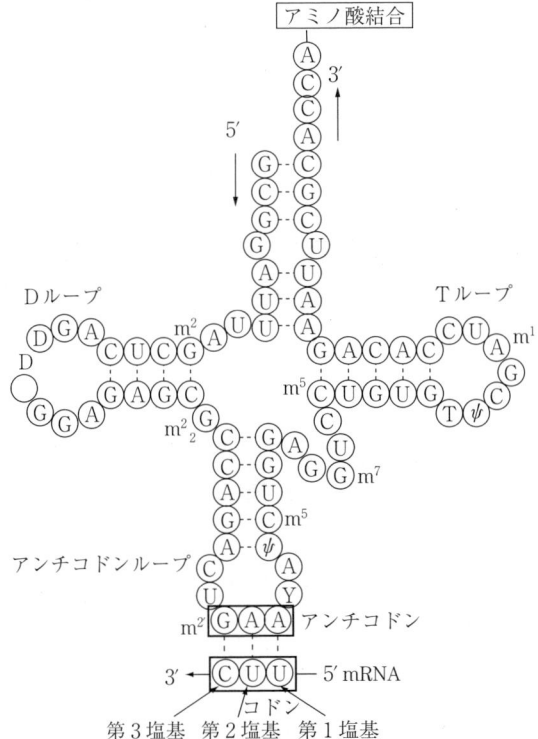

（c）　塩基配列表示
○内は塩基の1文字表記，ψ：プソイドウリジン（シュードウリジン，pseudouridine），○外の添え字は塩基および糖（位置を示す数字に'をつけて示す）の修飾位置を示す。m^1：1-メチル-，m^2：2-メチル-，m^5：5-メチル-，m^7：7-メチル-，m^2_2：2-ジメチル-，$m^{2'}$：2'-メチル-；コドンはmRNA中のコドン配列，これに対するtRNA中の相対配列がアンチコドン配列と呼ばれる。表2.1にコドンとアミノ酸との対応を示している。

図2.5　酵母フェニルアラニン転移RNA（tRNA）の立体構造と配列

2.1.4 タンパク質・ペプチドの構造

　タンパク質はアミノ酸が脱水縮合した化学構造をもち（図 2.6），この重合鎖はペプチド鎖とも呼ばれる．結合したアミノ酸数が約 100 以上のものをタンパク質，それ以下のものをポリペプチドと呼ぶことが多い．アミノ酸はアミノ基とカルボキシル基をもつ低分子化合物の総称であるが，タンパク質の構成アミノ酸は L-α アミノ酸である．

　アミノ酸を図（a）のように NH_2-CH(-R)-COOH で略記した場合，タンパク質の骨格構造は -CO-NH-CH(-R)- で表され，鎖状部分を主鎖と呼ぶ（図（b））．構成単位はアミノ酸から H および OH 基が除かれた構造なのでアミノ酸残基と呼ばれ，アミノ酸の種類により R の部分（図（a）の R，および図（b）の $R_1 \sim R_7$）が異なり，この部分を側鎖と呼ぶ．上記骨格構造中 - で示した原子間結合は単結合であるため自由回転可能（立体障害などによる制限下で）であるが，CO-NH 間の結合（ペプチド結合）は二重結合性をもつため回転が制限されており，ほとんどの場合 *trans* の幾何異性を示す．ペプチド結合の CO 部分は負，NH 部分は正の電荷を帯び，分極している．

　タンパク質を構成するアミノ酸は R 部分が水素（H）で光学活性のないグリシンを除いてすべて L-α アミノ酸で 20 種類ある．厳密にはプロリンはアミノ酸ではなく，側鎖が先端がアミノ基と結合しているイミノ酸であり，これを含む主鎖部分では立体構造が制限され，*cis*, *trans* 異性間のエネルギー差が小さいため，タンパク質の立体構造中には *cis* 異性も多くみられる．これらアミノ酸 20 種類の化学構造，名称，1 文字記号を図（c）-1 〜 4 に示す．アミノ酸はさまざまな分類が可能であるが，ここでは極性，非極性に大別し，極性アミノ酸を中性，酸性，塩基性に分けた．水溶液中では非極性アミノ酸は水を避ける疎水性のために立体構造の内側に，極性アミノ酸は外側に位置することが多い．脂質二重層からなる生体膜中のタンパク質では逆に位置する．

　タンパク質を構成するアミノ酸残基（20 種類）の配列（アミノ酸残基配列と呼ぶべきだが，アミノ酸配列と呼ぶことが多い）により，各タンパク質は複雑なアミノ酸配列（タンパク質の 1 次構造という）と立体構造が可能となる．

2.1 主要な生体物質　21

(a) アミノ酸の共通構造

(b) ペプチドの構造。太線は主鎖を示す。

アラニン(A)　バリン(V)　ロイシン(L)　イソロイシン(I)　メチオニン(M)

フェニルアラニン(F)　トリプトファン(W)　プロリン(P)

括弧内はアミノ酸の1文字表記（以下同様）
(c)-1 非極性アミノ酸

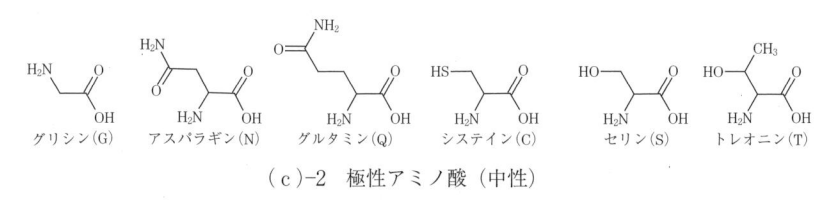

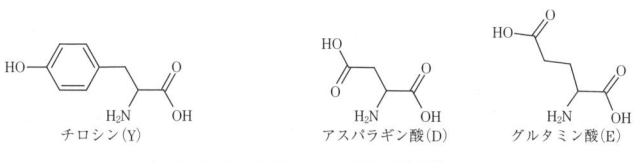

グリシン(G)　アスパラギン(N)　グルタミン(Q)　システイン(C)　セリン(S)　トレオニン(T)

(c)-2 極性アミノ酸（中性）

チロシン(Y)　アスパラギン酸(D)　グルタミン酸(E)

(c)-3 極性アミノ酸（酸性）

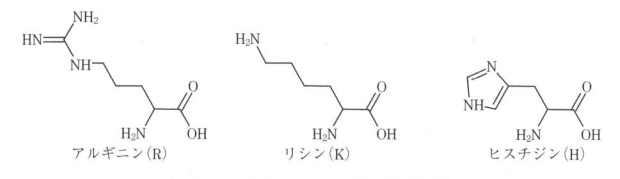

アルギニン(R)　リシン(K)　ヒスチジン(H)

(c)-4 極性アミノ酸（塩基性）

図2.6　アミノ酸とペプチド

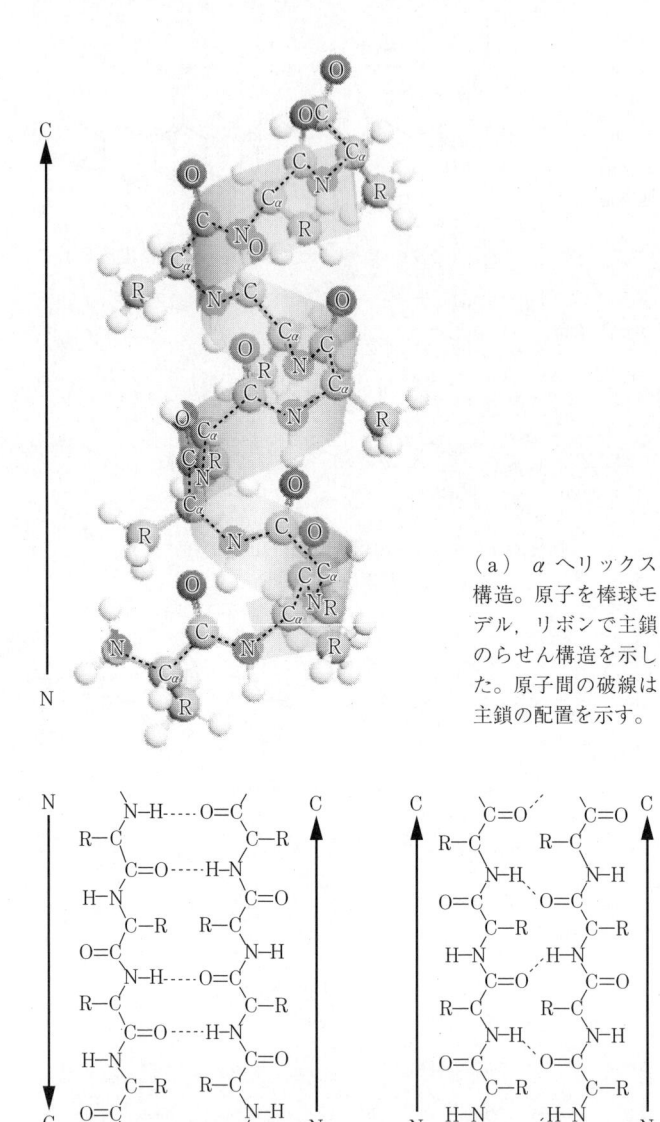

(a) αヘリックス構造。原子を棒球モデル，リボンで主鎖のらせん構造を示した。原子間の破線は主鎖の配置を示す。

(b)-1 逆平行βシート構造　　(b)-2 平行βシート構造

Rは側鎖部分を示す。図(b)中の破線は水素結合を示す。

図2.7　タンパク質中の規則構造

2.1 主要な生体物質   23

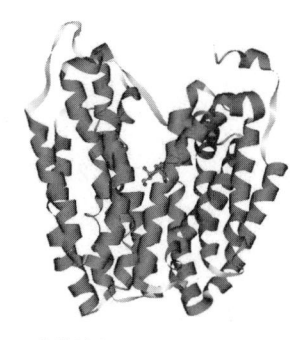

(a) 2次構造が α ヘリックスのみのタンパク質の例：ラクトース透過酵素 PDB 番号 1PV7。リボンモデル，らせんは α ヘリックス，他のリボン部分は不規則構造を示す。中央は棒球モデルで表したラクトースアナログ

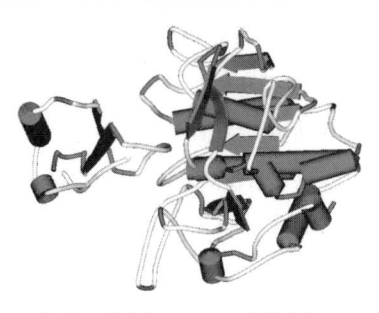

(b) 酵素とタンパク質基質との結合：タンパク質分解酵素（右側）と阻害剤タンパク質（左側）PDB 番号 1CSE。筒リボンモデル。筒が α ヘリックスで矢印リボンが β シート

(c) ヘリックスバレル構造：トリオースリン酸イソメラーゼ PDB 番号 1TPH（モデル表示は図（b）と同じ。中央棒球モデルは基質）

(d) タンパク質と DNA との結合：TATA-ボックス結合タンパク質（転写因子（Ⅱ）B）と DNA 断片 TATA-BOX。PDB 番号 1AIS。中央の丸い部分が DNA 断片を上から見たところ。ラセンが α ヘリックスでリボンが β シート

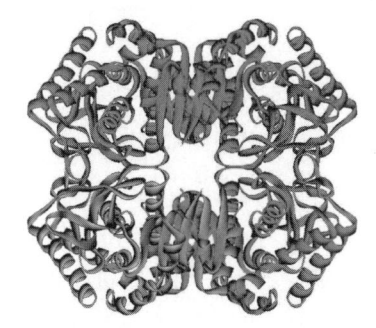

(e) 4次構造の例：L-乳酸脱水素酵素 PDB 番号 1LTH。4個の同一サブユニットタンパク質が対称に並び，非共有結合で4次構造を形成している。

図 2.8　タンパク質の立体構造。X線結晶解析による立体構造模型

このため，他の生体高分子と異なり反応性の高い各種アミノ酸残基が，さまざまな特有の立体配置をとることによりタンパク質相互を含む，さまざまな物質との選択的な結合や反応を示す。

タンパク質の立体構造中には規則的な構造部分があり，これを2次構造という。近くの主鎖の基どうしの水素結合によりらせん状の構造をもつαヘリックス，伸びた構造のペプチド鎖主鎖間の水素結合に基づくβシート（ペプチド鎖が同じ方向のものと，逆方向のものとがある）が重要である（**図2.7**）。

2次構造をもつペプチド鎖がさらに畳み込まれた構造を3次構造と呼ぶ。複数のペプチド鎖が，さらに非共有結合で会合した構造を4次構造と称し，各ペプチド鎖をサブユニットと呼ぶ。**図2.8**にタンパク質の立体構造を例示する。

後に述べるように，触媒作用をもつタンパク質（酵素），他の物質との結合により構造変化などを介して情報を伝えるタンパク質（受容体）などさまざまな機能をもつ。2次構造から4次構造までをまとめて高次構造と呼ぶ。

2.1.5 糖鎖の構造

糖鎖とは各種の糖（単糖；アルデヒド基あるいはケト基をもつポリアルコール）が結合した一群の化合物を指す。その中には，α-D-グルコースが直線的に結合したデンプン，グリコーゲン，セルロースのようにエネルギー貯蔵，構造維持などの役割を担っている多糖類（単純な糖鎖）と，タンパク質や，脂質などに結合して細胞認識などの生理機能を担っている糖鎖（複合糖鎖）がある。

〔1〕 糖鎖の構成成分である単糖

図2.9に糖鎖を構成する単糖の一部の構造を示した。単糖としても存在し，生体内でさまざまな生理作用をもつものが多いが，ここでは，これらが重合した糖鎖について概観する。アルデヒド基あるいはケト基に近い炭素原子から炭素原子に番号をつけて表す（図（a）〜（c））。アルデヒド基あるいはケト基はほかの炭素原子の水酸基と結合して環状構造となり，鎖状構造と平衡状態にある。図には環状構造で示した。このアルデヒド基あるいはケト基はアルカリ

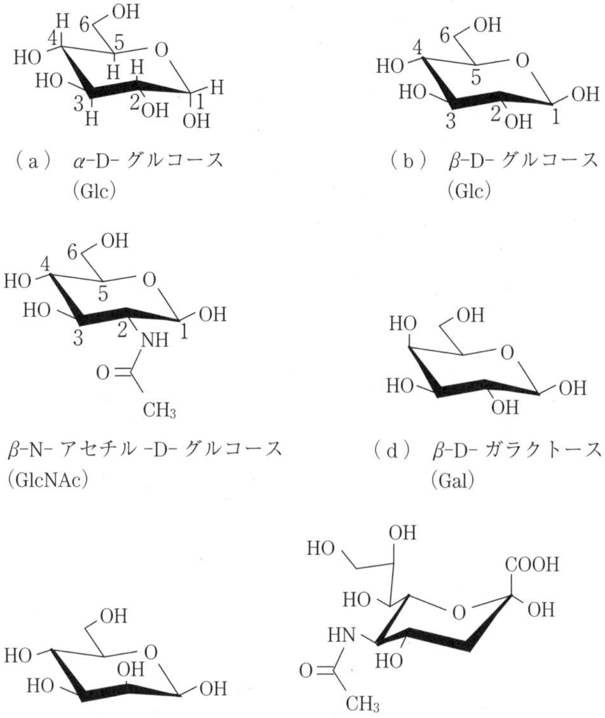

(a) α-D-グルコース
(Glc)

(b) β-D-グルコース
(Glc)

(c) β-N-アセチル-D-グルコース
(GlcNAc)

(d) β-D-ガラクトース
(Gal)

(e) β-D-マンノース
(Man)

(f) N-アセチルノイラミン酸
(Neu5Ac)

図 (a) の α-D-グルコース 1〜5 位の炭素原子にのみ水素 (H) の記号を付し，他の図では省略してある．図 (a)〜(c) には炭素原子に番号を付してある．括弧内は糖の略称を示す．

図 2.9 糖鎖を構成する単糖の一部の構造

性溶液では還元性を示すので還元糖と呼ばれる．例えばスクロース（ショ糖）は α-D-グルコースと β-D-フルクトースがこの部分で結合した二糖で還元性を示さず還元糖ではない．α および β は鎖状構造が環状になる際に生じる 2 種の水酸基の立体配置の不斉を示し，この異性体はアノマーと呼ばれる．

　糖分子どうしの水酸基の脱水縮合により糖鎖が形成されるが，図に示すとおり，糖は多くの水酸基を含み，同じ糖でもアノマーが存在するため，糖分子どうしの結合場所が多岐にわたり，同じ構成成分でも多種の糖鎖の形成が可能で

ある。糖鎖中前述のアルデヒド基あるいはケト基を含む部分が結合に関与していない末端を還元末端と呼ぶ。

〔2〕 **主要な単純糖鎖（一般的多糖類）**

グルコース，ガラクトース，マンノースなどが重合した高分子物質（グリカン）が生体内には多数存在する。ここではグルコース多糖（グルカンと総称される）について簡単に述べる。

① **デンプンとグリコーゲン**　これらはα-D-グルコース（図2.9（a））の1位の水酸基と4位の水素とが脱水重合した結合（α-1,4-グルコシド結合）が主体の多糖である。重合鎖はらせん状となり，鎖間の相互作用は弱い。デンプンには，ほとんどがα-1,4-結合であるアミロースとα-1,6-結合（1位の水酸基と6位の水素とが脱水重合した結合）による分枝構造（平均してグルコース残基約25個に1個）をもつアミロペクチンがあり，もち米のデンプンはアミロペクチンのみである。グリコーゲンは肝臓に含まれ，アミロペクチンと同じくα-1,6-結合の分枝（グルコース8〜12残基に1個）であるが，分子量はアミロペクチンよりずっと低い。これらはアミラーゼ類酵素により容易に加水分解され，エネルギーとして利用されるエネルギー貯蔵多糖である。

② **セルロース**　β-D-グルコース（図（b））が1,4-グルコシド結合により重合した多糖で，α-1,4-結合による重合鎖と異なり直線状で水酸基による水素結合により鎖間の相互作用が強く，加水分解を受けにくく，植物細胞の構造支持材として働いている。地球上で存在量の最も多い炭水化物で，天然植物質の約1/3を占める。ある種の細菌も生産する。

③ **キチンとキトサン**　キチンはβ-N-アセチル-D-グルコサミン（図（c））が1,4-グルコシド結合で結合したポリ-β1,4-N-アセチルグルコサミンを主体とする多糖で，昆虫や節足動物の外骨格や，軟体動物の殻皮の表面や，キノコなど菌類の細胞壁に多く含まれる。セルロースと似ているが，2位の水酸基がアセトアミド基に置換されており，糖鎖の水酸基に加えてアミノ基，カルボキシル基が加わり分子内，および分子間で強固な水素結合を形成している難溶性高分子である。キトサンは，キチン構成成分のβ-N-アセチル-D-グル

コサミンからアセチル基がはずれたポリ-β1,4-グルコサミンで,工業的には濃アルカリ中で煮沸処理してつくられ,糖鎖中にN-アセチルグルコサミンが残る。アミノ基を含むので,有機酸水溶液など多くの溶媒に溶解する。

〔3〕 複合糖鎖

　糖鎖には上述のデンプンのような多糖類も含まれるが,単に糖鎖というときは複合糖鎖(複合糖質とも呼ばれる。糖タンパク質,糖脂質,プロテオグリカンを指す)の糖部分を指すことが多い。糖鎖の構成単糖はグルコース,ガラクトース,マンノース,N-アセチルグルコサミン,N-アセチルガラクトサミン,フコース,キシロース,シアル酸など多種にわたる。タンパク質や脂質と結合し,それらの安定化や,タンパク質の翻訳後修飾(後述)による細胞間情報伝達などに重要な役割を果たしている。細胞表面に現れた糖鎖は,他の細胞(白血球,がん細胞など),細菌,ウイルス,毒素などが細胞に接着する際の結合部位となる。1個のタンパク質(コアタンパク質)に100〜10000個の単糖からなる長い糖鎖(グリコサミノグリカン)が結合したプロテオグリカンは水分を結合させ組織を保護する作用などをもつ。糖タンパク質,糖脂質,プロテオグリカンなどの糖鎖が個体発生や形態に決定的な役割を果たすことが知られている。

　シアル酸はノイラミン酸と呼ばれる骨格構造を有する物質に対するファミリー名として用いられ,ほとんどの糖鎖の末端(非還元末端)に結合し,細胞と細胞の接着,分化や炎症,がん化などに関与する重要な糖残基である。N-アセチルノイラミン酸(NeuAc, Neu5Ac)が最も多く,ついで,N-グリコリルノイラミン酸(Neu5Gc)が多い。CMP-NeuAc水酸化酵素により,NeuAcから,NeuGcが生成される。ヒトでは,CMP-NeuAc水酸化酵素がなく正常組織の糖脂質や糖タンパク質にはNeuGcは存在しない。

　糖鎖の一例として図2.10にABO式血液型の抗原決定に関与する糖鎖の構造を示した。糖転移酵素の遺伝子の有無により血液型が決定される。

(a) A型抗原：図（c）に示すO型抗原の末端ガラクトースの水酸基にA型転移酵素でN-アセチルガラクトースが結合したもの

⇐は，転移酵素によるO型抗原の末端ガラクトースの水酸基の糖残基への置換を示す．

(b) B型抗原：O型抗原の末端ガラクトースの水酸基にB型転移酵素でガラクトースが結合したもの

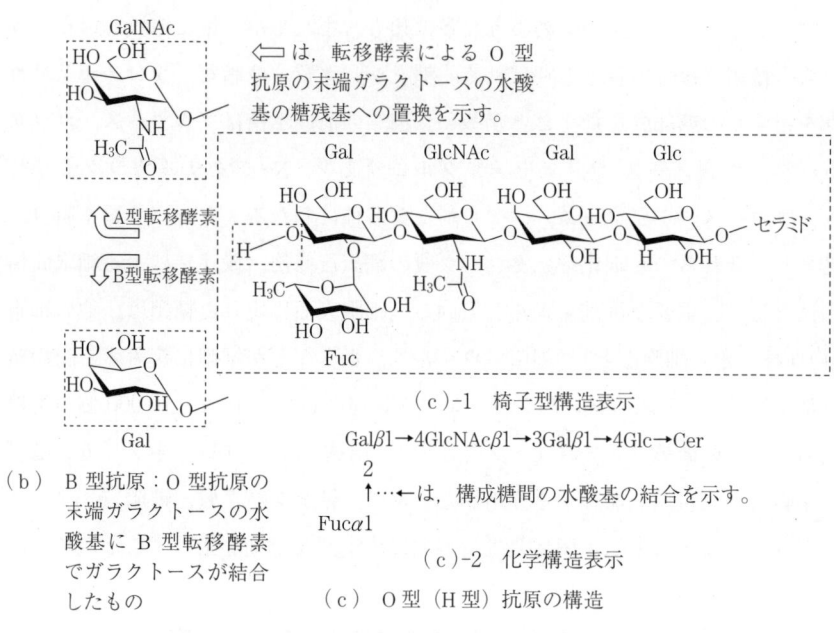

（c）-1 椅子型構造表示

Galβ1→4GlcNAcβ1→3Galβ1→4Glc→Cer
　　　　　　　2
　　　　　　　↑…←は，構成糖間の水酸基の結合を示す．
Fucα1

（c）-2 化学構造表示

（c）O型（H型）抗原の構造

図 2.10 ABO式血液型の抗原決定に関与する糖鎖の構造

2.1.6 脂質と脂質二重層

脂質は生体物質のうち水に溶けない物質の総称で，すでに述べてきたような特定の化学的，構造的性質から分類される物質ではない．脂質はさまざまな分類をすることができるが，ここでは以下に分類し，その中で本書に関係するおもなものの構造について述べる．他の脂質全般については触れないので，他の生化学教科書を参照されたい．

① 脂肪酸を構成成分として含む脂質

② 脂肪酸から誘導される脂質

③ イソプレン（2-methyl-1,3-butadiene, $CH_2=C(CH_3)-CH=CH_2$）から誘導されてつくられる脂質

①には貯蔵脂質（グリセロールの3個のOH基に脂肪酸が結合したもの）と膜脂質があり，後者はリン脂質（グリセロリン脂質およびスフィンゴリン脂質）と糖脂質（グリセロ糖脂質およびスフィンゴ糖脂質）に分けられている。②の中で，アラキドン酸が前駆物質であるプロスタグランジンやその関連物質が重要である。③にはコレステロール（ステロール），ステロイドホルモン，ビタミンA・D・E・K，プラストキノン，フィトールなどがある。

〔1〕 膜 脂 質

膜脂質は生体膜（後述）を構成する脂質で，基本的構造は2本の長いアルキル鎖からなる疎水性部分と親水性部分をもつ両親媒性物質である。両部分をつなぐ基幹部分がグリセロールからなる脂質をグリセロ脂質，スフィンゴシンからなるものをスフィンゴ脂質と呼び，親水性部分にリン酸を含むリン脂質，糖を含む糖脂質がある。

グリセロリン脂質は，グリセロールの水酸基に，2分子の脂肪酸と，1分子のリン酸と塩基などの化合物が結合したものである。塩基がコリンの場合はホスファチジルコリン（レシチンとも呼ばれるが，これは総称名として使われるのが一般である）と呼び，図2.11（a）に示した。

図（b）のスフィンゴ脂質はスフィンゴシンと呼ばれる長鎖アミノアルコールを基本骨格とし，鎖長は炭素数18個（C_{18}）のものが多く，通常C-2位にアミノ基，C-1位と3位に水酸基を有している。そのアミノ基に長鎖脂肪酸がアミド結合し，C-1位水酸基に単糖やオリゴ糖鎖が結合している糖脂質，リン酸と塩基などを結合するリン脂質がある。スフィンゴシンのアミノ基に長鎖脂肪酸がアミド結合したものをセラミドと総称する。

構成する飽和脂肪酸は伸びた形となるが，不飽和脂肪酸の場合は二重結合が *cis* 型のため折れ曲がった形となる。

〔2〕 脂質二重層

図2.12（a）-1と図（a）-2は，図2.11（a）と図（b）を書き直して親水

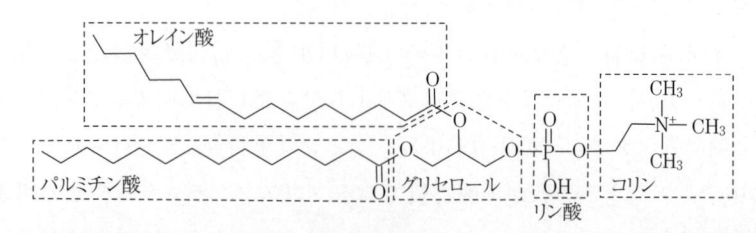

(a) ホスファチジルコリン：構成脂肪酸がオレイン酸とパルミチン酸の場合，構成要素名は脱水縮合前の名称

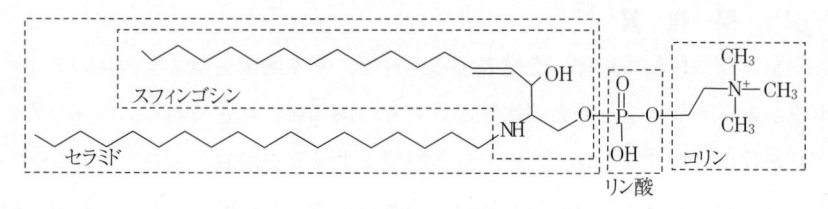

(b) スフィンゴ脂質（構成要素名は脱水縮合前の名称）

(c) アラキドン酸

(d) プロスタグランジン G_2（PGG_2）

(e) コレステロール

図 2.11 脂質の構造

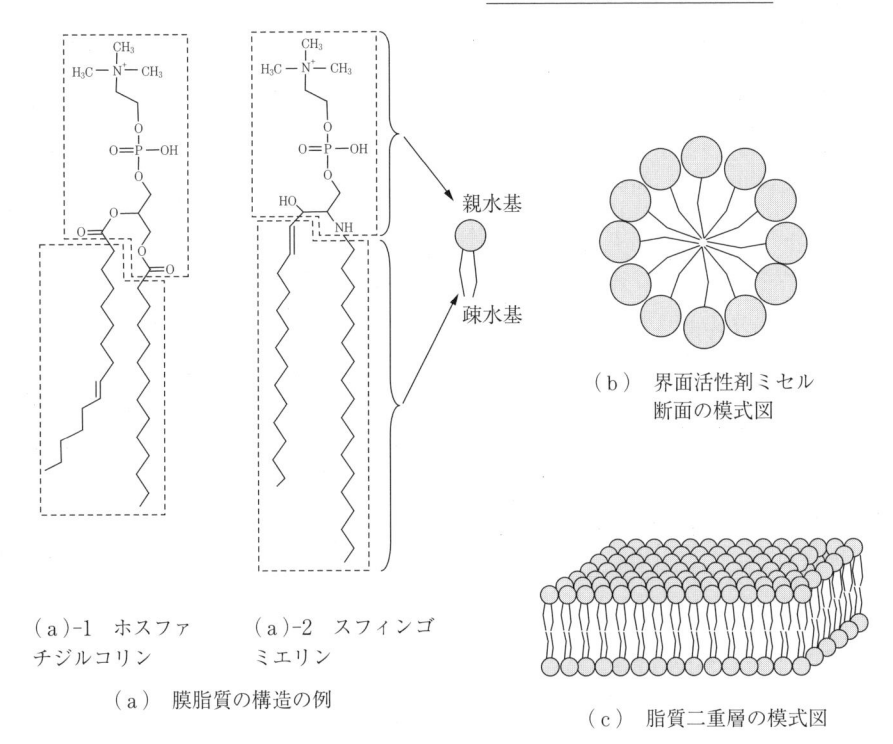

(a)-1 ホスファ　(a)-2 スフィンゴ
チジルコリン　　ミエリン
(a) 膜脂質の構造の例

(b) 界面活性剤ミセル断面の模式図

(c) 脂質二重層の模式図

図 2.12 脂質二重層

基と疎水基とに分けたもので，右図に模式的に2本の線と球で示す。これら膜脂質は親水基と疎水基をもつ両親媒性の界面活性物質で，両基の幅がおよそ同じである。通常の界面活性剤では疎水基のほうが狭いため，水中で集合体を形成した場合，球状のミセル（図（b））となるが，膜脂質は図（c）に示すように疎水基どうしが平面となって集まり，脂質の二重の層からなる膜構造をつくる。これを脂質二重層と呼び，生体膜の基本構造である。

〔3〕 **アラキドン酸からつくられる脂質**

アラキドン酸は，生体膜を構成するリン脂質（ホスファチジルエタノールアミン，ホスファチジルクロリン，ホスファチジルイノシトールなど）に含まれる不飽和脂肪酸の一種であり，図2.11（c）に構造を示した。ここでは鎖の中央部分から折り曲げた構造で描いてある。二重結合の位置は5，8，11，14位

で，すべて *cis* である。アラキドン酸はホスホリパーゼ A2 によってリン脂質から遊離する。エイコサノイドと呼ばれる一連の物質（プロスタグランジン，トロンボキサン，プロスタグランジン，ロイコトリエンなど）はアラキドン酸からつくられ，細胞間のシグナル伝達におけるセカンドメッセンジャーとして働く。これらの物質の生合成過程や体内での作用をアラキドン酸カスケードと呼ぶ。カスケードとは連続した酵素反応や，結合反応の連鎖により少数の分子が多数の分子の関与する反応をひきおこす増幅システムである。

アラキドン酸にシクロオキシゲナーゼ（COX）が作用すると，アラキドン酸カスケードに入り，プロスタグランジン G_2(PGG_2) が合成され，PGG_2 からは，プロスタグランジンまたはトロンボキサンが合成される。一方，アラキドン酸にリポキシゲナーゼが作用するとロイコトリエン合成系に入り，ロイコトリエンが合成される。図（d）に代表例として PGG_2 の構造を示した。

〔4〕 ステロイド類

ステロイドは，3個のイス型六員環と1個の五員環構造からなるステロイド骨格をもった化合物の総称で，種々のステロイドホルモンや，胆汁酸，細胞膜の構成に重要な脂質であるコレステロール（図2.11（e））などがある。3位にヒドロキシ基を有するものをステロールという。

ステロール系化合物は広範な生物種に見られるが，特にコレステロールは動物の脳や脊髄などに多く存在する。生体膜に含まれるコレステロールは生体膜に適切な固さを与え，その構造と機能を維持している重要なステロールである。コレステロールはステロイドホルモンや胆汁酸，ビタミン D3 などの生合成の原料となる。ホルモン作用をもつステロイドはステロイドホルモンと呼ばれ，疎水性で分子量が小さいため細胞膜を通過し細胞内にある受容体と結合して作用する。

2.2 細胞・組織・器官

2.2.1 細胞の構造と機能

ウイルス以外の生物は細胞という基本構造をもち，細菌や酵母などは1個の

細胞が個体であるので，単細胞生物と呼ばれる．個体が複数の細胞でできている生物を多細胞生物と呼ぶ．多数の細胞から構成される生物では同種の構造・機能をもつ細胞集合を組織と呼び，多数の組織から構成される器官が，さまざまな機能を営んでいる．図 2.13 に動物細胞断面の模式図を示した．

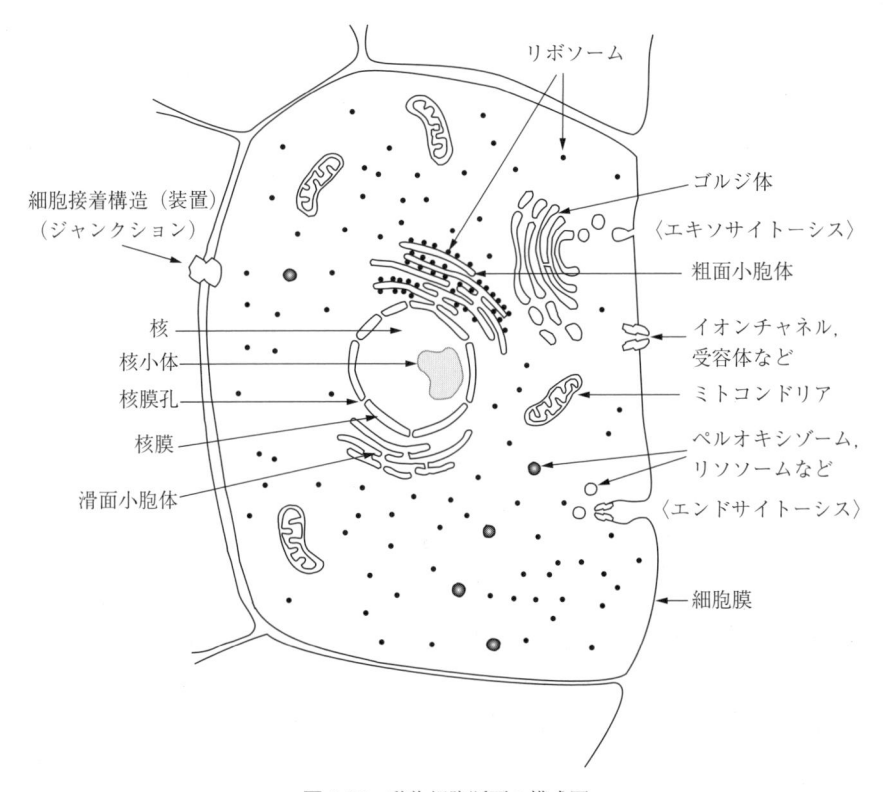

図 2.13 動物細胞断面の模式図

細胞は脂質二重層からなる細胞膜で囲まれており，これには膜タンパク質と呼ばれる疎水性のタンパク質が含まれ，細胞の内外の物質輸送，識別，信号伝達などの役割を担っている．

生物は真正細菌と古細菌，真核生物とに大別される．真正細菌と古細菌では生物の情報を担う DNA が環状で，タンパク質との集合体をつくらずにそのまま細胞中に存在するので原核生物と呼ばれるが，古細菌は進化上もかなり異な

る種類で，細胞膜に含まれる膜脂質は上記の膜脂質で述べたエステル構造のものではなく，エーテル結合を含む特殊な脂質である。

　真核生物は線状のDNAが塩基性タンパク質（核タンパク質，ヒストン）に巻き付いたクロマチン構造をもち，細胞の分裂時には凝集して顕微鏡で観察可能な染色体を構成する。現在では，その生物の基本的情報を含むDNA全体を染色体DNAと呼び，原核生物でも細胞中に含まれる他のDNAと識別するため染色体DNAという名称を用いる。真核生物の染色体は脂質二重層でできた核膜に包まれた細胞核中に存在する。

　真核生物には動物，植物，菌類，原生生物などが含まれ，酵母など単細胞のものもあるが，複雑な構造をもつ多細胞生物が一般である。細胞核以外にも脂質二重層で囲まれたさまざまな細胞小器官がある。おもなものは酸素を消費してエネルギーの生成に関係するミトコンドリアがあり，植物ではさらに光合成を行う葉緑体もある。ミトコンドリアと葉緑体は環状のDNAをもち，染色体DNAとは独立に行動する。受精の際，精子由来のミトコンドリアはごく少数しか，卵細胞には入らず，入ったものも排除されるので，男女とも細胞のミトコンドリアは母親由来である。また，ミトコンドリアDNAのサイズは染色体DNAのそれよりはるかに小さいので配列決定が容易であり，さまざまな人種のもつミトコンドリアDNAの配列相同性の比較から，ヒト *Homo sapiens* の起源がアフリカであることが解明された。ミトコンドリアはエネルギーの生成のほかに，後述のアポトーシスと呼ばれる細胞の自然死の仕組みにも大きく関与している。

　リボソームはRNAとタンパク質で構成される小器官でタンパク質合成（2.3.6項の翻訳で述べる）が行われる装置である。これら以外の一重あるいは二重の膜で仕切られた小器官には小胞体（表面にリボソームが付いている粗面小胞体と，リボソームのない滑面小胞体があり，前者は分泌タンパク質の合成場所，後者は細胞の種類により脂質の合成などの役割を担っている），ゴルジ体（小胞体でつくられたタンパク質，脂質などを糖鎖付加などの加工・修飾と貯蔵，輸送を行う），リソソーム（内部は酸性で，細胞内の廃棄物を加水分

解し，原料としてリサイクルする）。ペルオキシソーム（過酸化水素を発生する酸化酵素を含み，有害な物質を無毒化する場所）などがある。細胞内の小胞や液胞は小胞体とゴルジ体によってつくられる。

細胞の内側にはアクチンフィラメント，微少管，中間径フィラメントなどの繊維タンパク質による細胞骨格の網目構造が張りめぐらされ，細胞の構造を支えている。これにより細胞は形を変え，動くことも可能となっている。

多細胞生物は細胞どうしが接着して個体を形成している。動物細胞では細胞膜どうしが接着するため，細胞間接着（細胞接着）と呼ばれるさまざまな接着構造がある。細胞間接着は細胞や組織の種類によって多様である。細胞接着を担うのはカドヘリンやインテグリンなどの膜タンパク質（細胞接着分子）で，自分のタンパク質どうしや，他の細胞接着分子，細胞骨格と結合して細胞集合の形成，細胞の移動，細胞全体の形態の維持や組織構造の維持などを行っている。植物や菌類では細胞膜の外側に細胞壁があり，接着は動物細胞より小部分に限られる。

ウイルスはDNAあるいはRNAがタンパク質を主体とする皮膜で覆われた構造体で，それ自体では生合成，代謝などの能力をもたず，他の生物の細胞内の仕組みを利用して自己増殖する。

2.2.2 細胞分裂と細胞周期
〔1〕 細 胞 分 裂

細胞は細胞分裂により増殖する。原核生物はほとんど単細胞で，細胞分裂により1個体が2個体になることで次世代がつくられる。多細胞生物では通常の細胞分裂では1個の細胞（母細胞）が同一の2個の細胞（娘細胞）になる体細胞分裂により個体を形成する部分の細胞増殖が起こる。次世代の個体をつくるためには別の仕組みが必要である。一つは無性生殖で1個の親が分裂，出芽，分離により次世代をつくるもので，細胞分裂は体細胞分裂であり，子の遺伝特性は親と同一である。このような遺伝的に同一な生物集団をクローンという。人為的な挿し木も同様なクローン増殖である。もう一つは有性生殖で2個の特

殊な細胞（配偶子）が接合して接合子となって次世代の個体をつくる過程である。接合に必要なそれぞれの配偶子は二つの別な親からつくられる場合と，一つの親が両方の配偶子をつくる場合がある。高等植物の配偶子は花の中につくられる生殖細胞（雄しべの花粉細胞と雌しべ胚嚢細胞）で，高等動物の配偶子は卵と精子で受精卵が接合子に当たる。配偶子が親細胞と同じ数の染色体をもっていると接合子は2倍の染色体をもつことになるので，配偶子は親細胞の染色体数を半減したもので，接合（受精）により親細胞と同一の染色体数となる。配偶子（生殖細胞）形成時に起こる染色体数を半減させる特殊な細胞分裂を減数分裂と呼ぶ。

〔2〕 細 胞 周 期

細胞分裂で生じた細胞が再び分裂し次世代の細胞になるまでの過程を細胞周期（図2.14）と呼び，これにかかる時間を世代時間という。細胞分裂には細胞核が分裂する有糸分裂と細胞質が二つに分かれる細胞質分裂とがある。顕微鏡下の形態学的には染色体の分離が起こり，核が分裂する有糸分裂期（M期）とつぎのM期までの間の間期とに分かれる。M期には核内に分散していたDNAがまとまって染色体構造をつくり，二つの中心体と呼ばれる構造に引かれて分離する。M期の終わりに細胞分裂が起きる。M期は細胞周期のごく一部を占める期間で，間期はさらにG1期，S期，G2期に分けられる。Sはsynthesis，Gはgapの略で，前者はDNAの合成（複製）が起こる時期，G1期はM期とS期との間で，分裂中の細胞ではこの間にDNA合成に必要な酵素が

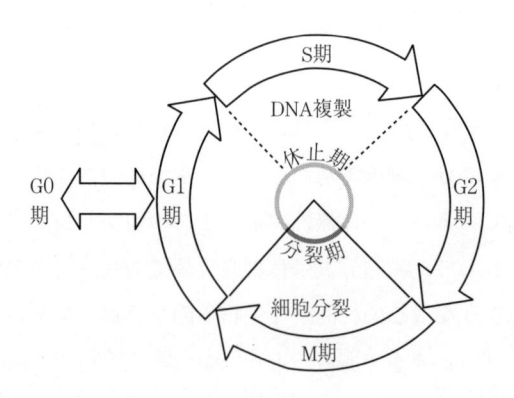

図2.14 細 胞 周 期

活性化される.分裂しない細胞はS期に入らず,G0期に入り休止する.G2期は分裂の準備の最終段階で,タンパク質合成が盛んになり細胞の分裂に備える.

2.2.3 アポトーシス

細胞には物理的あるいは化学的損傷により死滅する以外に,自滅を誘発させられた細胞死があり,この細胞の自然死をアポトーシスと呼ぶ.この細胞の自然死は細胞分裂と同様,細胞に本来プログラムされている細胞機構である.アポトーシスではミトコンドリアが重要な役割を担い,また,カスパーゼという一群のプロテアーゼが特異的に働いている.自滅するメカニズムはつぎの3種類がある.

① **内部シグナルにより起こるもの**　活性酸素などによる細胞の内部損傷によりミトコンドリアを介して一群のカスパーゼが働く.

② **外部シグナルにより起こるもの**　FasおよびTNF受容体に死活性化物質が結合しカスパーゼ系を働かせる.

③ **アポトーシス誘導因子(AIF)によるもの**　細胞が受け取ったシグナルにより,ミトコンドリア膜間腔にあるタンパク質AIFがミトコンドリアから放出されDNA破壊を誘起する.

アポトーシスでは細胞が急速に縮小して隣接細胞から離れ,核の崩壊,細胞の断片化が起こる.細胞膜構造を残したアポトーシス小体が形成され,細胞内成分の漏出なくマクロファージなどに貪食され,組織は炎症を起こさない.

アポトーシスは発生・分化の過程で生じた余分な細胞(オタマジャクシの尻尾,胎児の指の間の水掻き様組織など)の除去,植物の落葉,免疫系での多様な細胞死など生命維持の重要な過程にかかわり,細胞寿命を調節している.

2.2.4 組織と器官

単細胞生物では細胞は1種類であるが,多細胞生物は形態,役割などが異なるさまざまな細胞からつくられている.同種の細胞の集まりが何種類か集合

し，まとまった役割を担っている構造単位を組織と呼ぶ．さらに複数の組織が集合し，全体としてある役割をこなしている構造を器官（臓器）と呼ぶ．また，同種の機能をもつ複数の器官や，一連の機能を担う複数の器官を器官系としてまとめることもある．植物の器官は根，茎，葉，花，種子などで，動物のおもな器官系は，消化器系，循環器系，呼吸器系，泌尿器系，生殖器系，内分泌器系，感覚器系，神経系，運動器系である．

2.3 生体高分子の機能・代謝

それぞれの生体高分子の機能は相互に強く関連しているので，ここにまとめて簡単に述べる．図 2.15 に DNA から多糖が合成されるまでの経路を模式的に示した．DNA が自己を複製する過程を複製（replication），DNA に存在する特定領域の塩基配列に従い RNA が合成される過程を転写（transcription），そして，その RNA の塩基配列に基づいてタンパク質が合成される過程を翻訳（translation）と呼ぶ．多糖，オリゴ糖はタンパク質の一種である酵素により合成される．図中灰色の太矢印で示した DNA → RNA → タンパク質の合成経

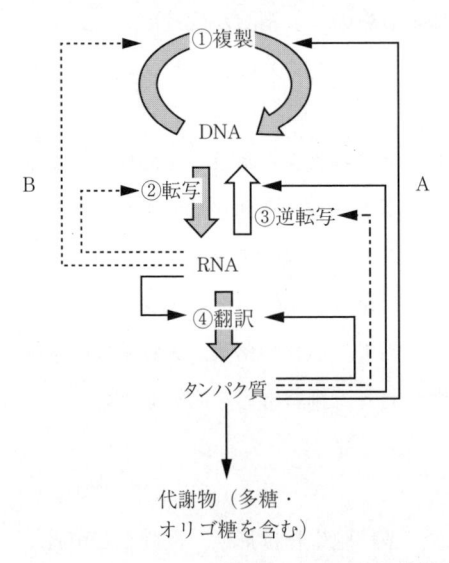

①複製，②転写，③逆転写，④翻訳の各過程；A はタンパク質が各過程に関与し，B は RNA が各過程に関与していることを示す．灰色太矢印は以前考えられていた遺伝情報の 1 方向的な経路を，また実線矢印はその経路に働くタンパク質と RNA を示し，これが分子生物学のセントラルドグマと呼ばれていたが，その後，1 点鎖線矢印の逆転写酵素による RNA から DNA への遺伝情報の伝達（白色太矢印）や破線矢印で示した RNA の各過程への広範な関与により，このドグマより複雑なネットワークによる遺伝情報伝達が行われていることが明らかになった．

図 2.15　DNA から多糖が合成されるまでの経路

路は生物での遺伝情報の伝達経路で，分子生物学のセントラルドグマとして最も重要であると考えられていた（クリック（Crick, F. H. C.），1958年）が，RNA ウイルスで RNA から DNA が合成される逆転写経路（図中の白太矢印）が発見され，その後，RNA が生体制御経路でさらに複雑に絡んでいることがわかり，セントラルドグマという用語は現在では用いられない。

　タンパク質の一種である酵素は図の A で示したように DNA, RNA, タンパク質がつくられる各段階の触媒として働く。RNA は翻訳過程でタンパク質を合成する装置であるリボソームの構成成分のリボソーム RNA（rRNA）およびアミノ酸を供給する役割の転移 RNA（tRNA）として働いていることが知られていたが，最近，図の B のように他の過程での制御に大きくかかわっていることが明らかとなった。以下に真核生物を中心に各過程を概説する。

2.3.1　複　　　製

　図 2.16 に模式的に示したように DNA の 2 本鎖がほどけて各 1 本鎖を鋳型として相補的なヌクレオチド鎖が合成される。この図（a）-2 では簡単に末端から合成が開始するように描いたが，二重鎖の途中がほどけて開始される場合も本質的に同じである。この合成は DNA 依存性 DNA ポリメラーゼによって触媒されるが，この酵素は 2 本鎖部分の 3′ 末端に 1 本鎖 DNA の相補的ヌクレオチドを付加する反応しか触媒せず，反応開始部分にプライマー（RNA プライマー，プライマー RNA）と呼ばれる短い RNA 鎖を必要とする。プライマーは DNA プライマーゼと呼ばれる DNA 依存 RNA ポリメラーゼによって合成される。DNA 合成反応は DNA の 5′ 末端から 3′ 末端方向に進行し，鋳型 DNA の 3′ 末端から 5′ 末端方向に二重鎖が形成されていく。プライマー RNA は加水分解されて消失する。複製の過程では二重鎖 DNA がほどけてできた 1 本鎖 DNA のそれぞれが鋳型となるが，反対側の鋳型になる DNA の方向は 5′→3′ の方向になるので，ほどけた根本のほうから短い DNA 鎖（岡崎フラグメントと称される）が合成され，さらにほどけた部分に戻り，短い DNA 鎖を合成する反応が進行する（図（a）-2）。この DNA フラグメントは DNA リガーゼという酵

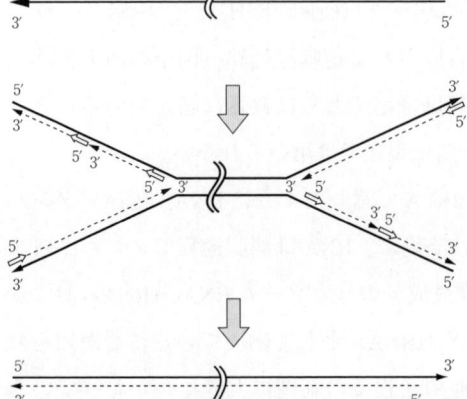

(a)-1　2本鎖DNA

(a)-2　複製による相補鎖の合成，白色矢印はプライマーRNA，矢印実線が元のDNA鎖，矢印破線が新規合成された相補鎖

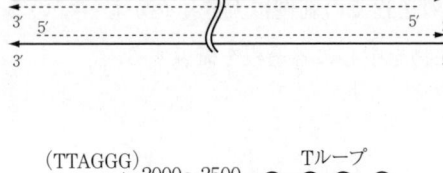

(a)-3　新規合成された相補鎖はプライマーRNAの分短い。

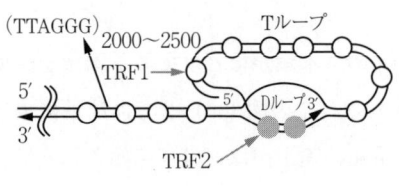

(b)　テロメア構造．(TTAGGG)は反復配列，白○はテロメア結合タンパク質TRF1，灰色●はテロメア結合タンパク質TRF2を示す。

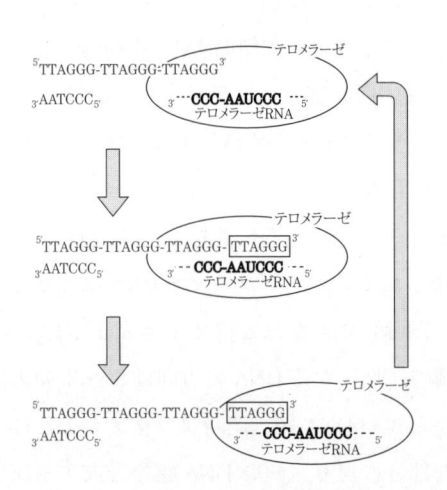

(c)-1　テロメラーゼ（楕円で示した）は逆転写酵素活性をもち，プライマーとしてのテロメラーゼRNAをもち，ほどけたテロメアの3′末端に結合する。

(c)-2　RNAを鋳型としてDNA鎖を伸長する。

(c)-3　テロメラーゼがDNA鎖の末端に移動し，DNA鎖の伸長した図(c)-1と同じ状態になり，DNA合成を繰り返す。

図2.16　DNAの複製とテロメア構造

素により結合され長鎖を形成する。

　元のDNA鎖の3'末端では，プライマーRNAが結合している部分は複製されないため，新しくつくられるDNA鎖はそのぶん短くなり（図(a)-3）複製のたびにDNA鎖が短縮する末端複製問題が起こる。原核生物ではDNAが環状のため，このような問題は生じない。実際の線状DNA末端には反復ヌクレオチド鎖とタンパク質からなる特殊な構造があり，テロメアと呼ばれる。テロメアの概略図を図(b)に示している。テロメアの最末端部位ではDNAの3'末端が突出して1本鎖で，2本鎖DNAの間に潜り込み，Dループと呼ばれる三重鎖構造を形成している。突出した配列の長さは種によって異なり，ヒトやマウスでは50～100塩基である。テロメアDNAの配列は生物によって多少異なり，ヒトを含む哺乳類ではTTAGGGの6塩基が反復し，長さはヒトの体細胞では10kb程度以下であるが，生殖細胞では15～20kbである。テロメアは図中TRF1，TRF2で示したテロメア結合タンパク質以外にもさまざまなタンパク質が結合してつくられている。テロメアDNAは複製のたびにヒトの場合，50～200塩基対ずつ短くなる。テロメア部分が一定以上短縮されると，複製が起こらず，細胞分裂は停止し，細胞老化，細胞死が起こる。生殖細胞ではテロメラーゼ（テロメア配列の鋳型となるRNAと逆転写酵素活性（後述）をもつタンパク質およびそのほかの制御タンパク質などからなる複合体）により，テロメアDNAの修復が行われる（図(c)-1～3）。体細胞ではテロメラーゼが発現していないので，細胞分裂の回数が制限されているが，ほとんどのがん細胞ではテロメラーゼ活性が認められる。このためがん化した細胞は際限なく分裂することが可能であり，細胞の不死化と呼ばれる。ここでいう「不死」とは，その細胞自体が死なないという意味ではなく，細胞が分裂の永続性を獲得しているという意味である。

2.3.2　転　　　写

　複写ではDNAの2本鎖のそれぞれが鋳型となって全体がコピーされて同じ配列の新たなDNA鎖がつくられるが，転写では，2本鎖DNAの特定領域の片

側1本鎖が鋳型となり，RNA鎖が合成される（DNAのTはRNAではUとなる）（後出の図2.17（a）参照）。このRNAと同じ塩基配列に対応する配列のDNA鎖をセンス鎖あるいはプラス鎖，それに相補的なDNA鎖をアンチセンス鎖あるいはマイナス鎖と呼ぶ。

〔1〕 転写に働く因子

　DNAの配列に従ってRNAを合成する酵素はRNAポリメラーゼと呼ばれ，DNAの1本鎖部分を鋳型として5′端から3′端方向にRNAが合成され，3′末端はOH基となる。真核生物には3種類のRNAポリメラーゼⅠ（核小体に存在しrRNA前駆体を合成），Ⅱ（核質に存在しhnRNA（mRNA前駆体），snRNAを合成），Ⅲ（核質に存在しtRNAと5S rRNAを合成）が存在する。RNAポリメラーゼが転写を開始するためには，DNA上の遺伝子の先頭部分を認識してそこに強く結合する必要がある。この転写開始領域はプロモーターと呼ばれる。RNAポリメラーゼはDNA上をすべりながら移動しているが，プロモーター領域に出会うとそこで強く結合し，転写開始点から転写を始める。

　DNA上にはさらに，転写の終了を指示する部位も存在し，RNAポリメラーゼはこの転写終結部位（ターミネーター）までくると，そこでDNAを離れ転写が終了する。

　遺伝子の上流や下流に位置して，隣接遺伝子の転写効率を変化させるDNAの特定の配列（エンハンサー配列，サイレンサー配列など）を応答エレメント（reactive element, RE）という。DNA鎖のこのような領域は転写因子（transcription factor, 転写制御因子）によって認識される。転写因子は，DNA結合部位と転写活性化部位をもち，DNA鎖上の応答エレメントを認識して作用する。RNAポリメラーゼⅠ，Ⅱ，Ⅲのそれぞれの系に働く転写因子があり，それぞれの役割に応じた転写が行われている。

　脊椎動物遺伝子では，DNA鎖にあるCG配列のシトシンの5位がメチル化（mCG配列となる）されるとメチル化部位に転写因子が結合できなくなるため，転写が不活性化されるなどDNA鎖の修飾による転写制御もある。

2.3 生体高分子の機能・代謝

〔2〕 転写で生じる RNA の種類

従来の分子生物学によればタンパク質の発現に直接かかわる核酸情報が生物にとって重要なものであり，タンパク質のアミノ酸配列を規定しているメッセンジャー RNA（messenger RNA, mRNA）と，それからタンパク質をつくる装置に必要なリボソームを構成するリボソーム RNA（ribosomal RNA, rRNA）および mRNA の配列情報とアミノ酸の種類とを結び付ける転移 RNA（transfer RNA, tRNA）が転写段階での産物と考えられ，これらの情報を担っている核酸配列（あるいはその領域）を遺伝子と考えてきた。

しかし，ゲノム解析が進むにつれて，ゲノム中での上記の定義による遺伝子の数は限られており，高等生物でも多くないことが明らかになった。細胞中の転写産物の解析から，前述の遺伝子以外の DNA 領域の多くも転写されていることがわかり，タンパク質に翻訳される mRNA 以外の RNA をまとめて非コード RNA（non-coding RNA, ncRNA）と呼ぶこととなった。以下におもな転写産物を述べる。②以降が非コード RNA であるが，機能がまだ明らかにされていないものも多い。

① **メッセンジャー RNA（mRNA）** 真核生物の mRNA は RNA ポリメラーゼⅡにより転写された RNA で，前駆体として転写された後 RNA プロセシングにより成熟 mRNA となる。3' 末端に poly（A）鎖をもつ。

② **転移 RNA（tRNA）** 構造を図 2.5 に示した。翻訳段階で核酸の塩基配列とアミノ酸の種類を対応させている重要な RNA である。RNA プロセシングを受け成熟 tRNA となる。

③ **リボソーム RNA（rRNA）** 翻訳段階で機能しているリボソームを構成する。真核生物では RNA プロセシングにより成熟 rRNA となる。

④ **mRNA 様 ncRNA（mRNA-like non-coding RNA）** mRNA 同様 poly（A）鎖をもつ非コード RNA 分子。機能は不明なものが多い。

⑤ **mRNA の非翻訳領域** mRNA のイントロン領域には多くの非コード RNA が存在する。これらには特定の物質を直接結合することで転写終結や翻訳を制御する配列などがある。

⑥ **small nuclear RNA（snRNA，核内低分子 RNA）**　特異的なタンパク質と会合して snRNP（small nuclear ribonucleoprotein）と呼ばれる複合体を形成して RNA スプライシングやテロメアの維持などの役割を担っている。

⑦ **small nucleolar RNA（snoRNA，核小体低分子 RNA）**　核小体に局在し，タンパク質複合体（snoRNP）として rRNA や他の RNA の化学的修飾（メチル化やシュードウリジン化など）に関与する。しばしばリボソームタンパク質のイントロンの中に存在し RNA ポリメラーゼⅡによって合成される。

⑧ **microRNA（miRNA，マイクロ RNA）**　長さ20〜25塩基ほどの1本鎖 RNA で，特定の他の遺伝子の mRNA に対する相補的配列を有し，その遺伝子の発現を抑制する。miRNA をコードする miRNA 遺伝子はゲノム上に少なくとも数百存在して数百〜数千ヌクレオチドの長さの初期 miRNA が転写される。つぎに，マイクロプロセッサーと呼ばれるタンパク質複合体によって消化されて約60〜70ヌクレオチドのヘアピン型前駆体 miRNA（shRNA，ショートヘアピン RNA）となる。

2.3.3　RNA プロセシング

真核生物では mRNA，tRNA などは前駆体として転写されたあと，さまざまな修飾を受ける。多くはヌクレオチド鎖の切断と結合で RNA プロセシングと呼ばれる。

mRNA は mRNA 前駆体として転写され，3種のプロセシング

① 5′ 末端に m^7Gppp が結合したキャップ構造がつくられる

② 3′ 末端にポリ（A）鎖が結合する

③ 図2.17（b）に示したようにイントロンと呼ばれる領域が除かれ，タンパク質に翻訳されるエキソンと呼ばれる部分のみが結合する（スプライシングという）

を受ける。図（b）に示したように，同じ mRNA 前駆体のスプライス部位の選択制御によりエキソン部分が異なる mRNA がつくられると，一つの転写単位から複数種のタンパク質をつくることができる。これを選択的スプライシング

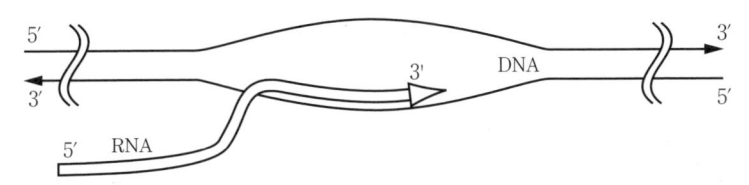

(a) 転写。2本鎖 DNA のアンチセンス鎖の特定領域が転写因子により認識され，RNA ポリメラーゼにより DNA 塩基配列と相補的な RNA が合成される。

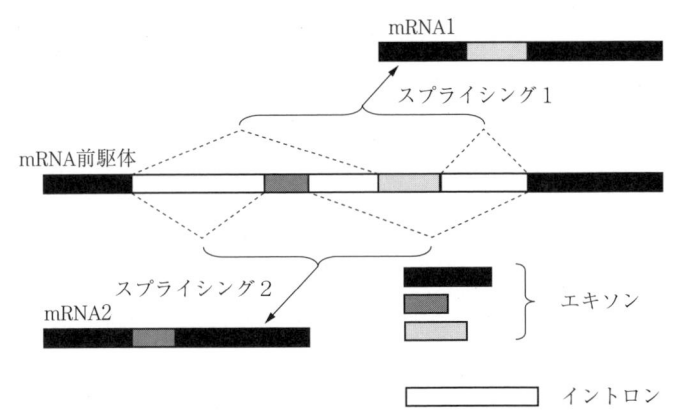

(b) スプライシング。エキソンは mRNA 中に残る RNA 断片，イントロンは前駆体から切り出されて mRNA 中には残らない RNA 断片を示す。DNA から転写された mRNA 前駆体にはエキソンとイントロンとがキメラ状に存在し，イントロンが除かれて mRNA となる。スプライシング1およびスプライシング2で示すように，エキソンの選ばれる領域が異なることにより生ずる mRNA が異なる場合がある。

図 2.17 転写とスプライシング

と呼ぶ。免疫グロブリンや骨格タンパク質の合成などでみられる。

真核生物の rRNA は核小体で RNA ポリメラーゼⅠで転写されたあと，プロセシングを経てつくられ，真核細胞の tRNA は RNA ポリメラーゼⅢで転写された前駆体がプロセシング後，塩基に種々の修飾を受け 65〜110 塩基の RNA になる。

RNA のプロセシングは酵素タンパク質の触媒作用ではなく，RNA 自身のヌクレオチド間の共有結合の切断や形成によりおこる。この機能をもつ RNA をリボザイムと呼ぶ。自分自身の塩基配列の一部を切り出し，生じた切断点を再

結合させる自己スプライシングといわれる機能や，他の RNA 分子を特定の部位で切断する触媒能をもつものもある。イントロンのグループ I，グループ II と呼ばれる構造のものは自己スプライシング活性機能がある。原核生物の tRNA 前駆体の 3′ 末端プロセシングにかかわる酵素 RNaseP の触媒機能もそれに含まれる RNA が担っている。そのほかにも多数のリボザイムが見いだされており，RNA のみで機能するものや，タンパク質との複合体中で働いているものがある。このような RNA のもつ機能は医薬に利用されつつある。

また，mRNA の塩基配列そのものを変える変化も起こり，これは RNA 編集（RNA エディティング，RNA editing）と呼ばれ塩基の挿入や欠失，塩基の置換により翻訳されるタンパク質に変化をもたらす。植物ミトコンドリアのある遺伝子には開始コドンがなく，ACG → AUG の編集により翻訳可能な配列になることが知られている。そのほか，センスコドンと終止コドン間の変換，塩基挿入によりフレームシフト（コドンのずれ），特定のアミノ酸の置換など翻訳産物が大きく変化する場合もある。コドンについては 2.3.6 項で述べる。

2.3.4 RNA 干 渉

2 本鎖 RNA により，その配列と相補的な塩基配列をもつ mRNA が分解される現象を RNA 干渉（RNAi，RNA interference）と呼ぶ（**図 2.18**）。まず，長い 2 本鎖 RNA が RNase III の一種である RNA 分解酵素ダイサー（dicer）によって siRNA（small interfering RNA）と呼ばれる 21〜23 nt の短い 3′ 突出型 2 本鎖 RNA に切断される。siRNA は RISC（RNA induced silencing complex；argonaute タンパク質などとの RNA-ヌクレアーゼ複合体）によって 2 本鎖からアンチセンス鎖のみが取り込まれ，そのアンチセンス鎖に相補的な配列をもつ標的 mRNA をつぎつぎと見つけ出して選択的に分解する。最近では種々の ncRNA も siRNA の標的に含まれていることが示唆されている。

ヘアピン型前駆体 miRNA（shRNA）もダイサーによって消化され，argonaute タンパク質と結合して RISC を形成し，miRNA と部分的に相補的な mRNA と不完全な相補結合をつくり，1 種類の miRNA が，複数の mRNA の翻訳を制御

(a) 2本鎖 RNA（dsRNA）あるいは1本鎖 RNA（dsRNA）にダイサーが結合する。

(b) 3′末端を突出する形で2本鎖 RNA を切断し siRNA を形成する。

(c) argonaute タンパク質などが結合して RISC を形成する。

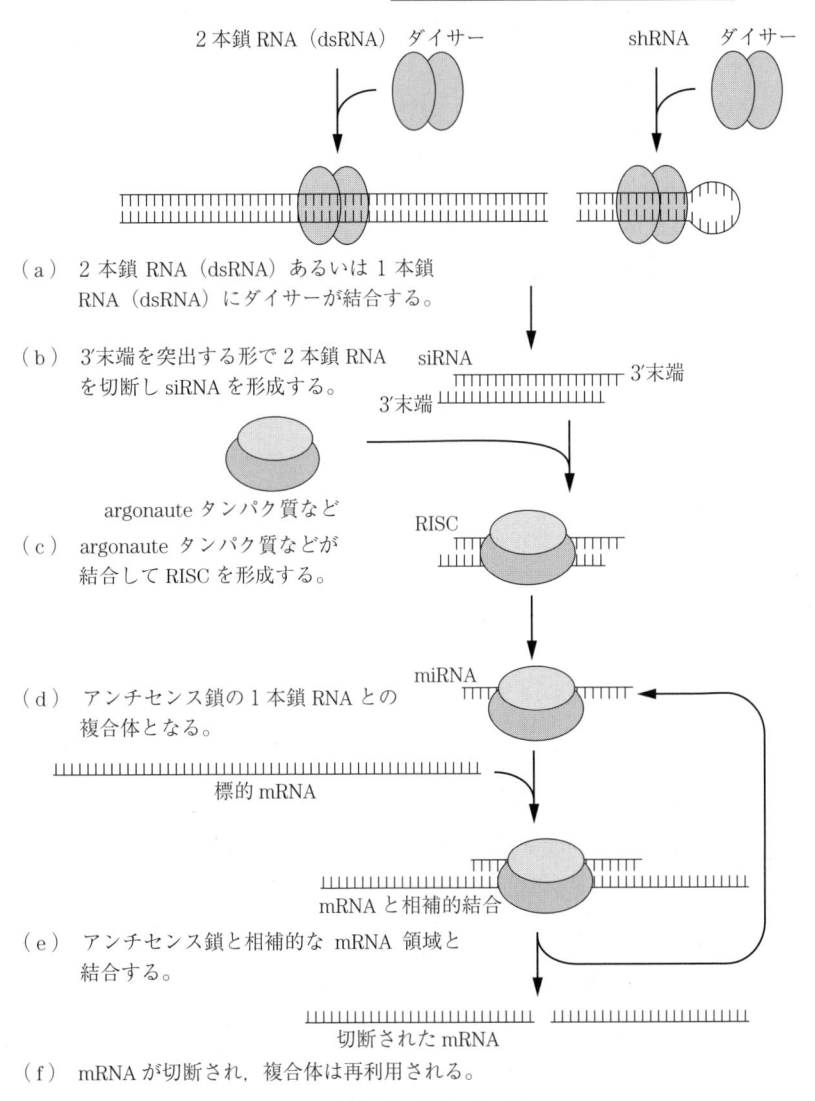

(d) アンチセンス鎖の1本鎖 RNA との複合体となる。

(e) アンチセンス鎖と相補的な mRNA 領域と結合する。

(f) mRNA が切断され，複合体は再利用される。

図2.18　RNA 干渉

するというユニークな発現調節機構に関与すると考えられている。

2.3.5　逆　転　写

上記のように，以前は遺伝情報は DNA から RNA のみの一方向で伝えられ

るというセントラルドグマが提唱されていたが，遺伝情報としてRNAしかもたないレトロウイルスは増殖に際して自己の1本鎖RNAを鋳型としてアンチセンス鎖DNAを合成し，宿主のシステムによりセンス鎖DNAが合成され，ウイルス1本鎖RNAが2本鎖DNAに変換されることが知られるようになり，遺伝情報はRNAからDNAへも伝達され得ることが明らかとなった。RNAからDNAが合成される過程は逆転写と呼ばれ，この反応を触媒する酵素は逆転写酵素と呼ばれるRNA依存性DNAポリメラーゼである。普通のDNAポリメラーゼと同様，その反応開始にプライマーを必要とするが，RNA，DNAのどちらも使用できる。この酵素はmRNAから相補的DNA（cDNA, complementary DNA）を合成することに利用され，遺伝子工学や分子生物学の実験に必須の道具となっている。

2.3.6 翻　　訳

　転写でつくられたmRNAの情報に従ってタンパク質が合成される過程では，塩基の配列がアミノ酸の配列という異質な単位の配列に変換される過程であるので翻訳と呼ばれる。核酸のもつ遺伝情報は4種類の塩基により規定されているが，タンパク質を構成しているアミノ酸は20種類ある。2個の塩基により定められる種類は$4^2=16$，3個の塩基により定められる種類は$4^3=64$であるので，タンパク質のアミノ酸配列を規定するには3個の塩基の配列が必要で，このアミノ酸の種類を規定している連続した3個の塩基配列単位をコドンと呼ぶ。コドンには20種類のアミノ酸に対応するもの（センスコドン）のほか，タンパク質合成の開始と終結を規定するものもある。開始コドンから終結コドンまでの塩基配列はオープンリーディングフレーム（open reading frame, ORF，読み枠）と呼ばれる。

〔1〕　tRNAへのアミノ酸の付加

　tRNAは図2.5に示したL字型の構造でヌクレオチド鎖の折れ曲がった先端部の3塩基が，次節に述べるリボソーム上でmRNAのコドンの塩基配列と相補的に結合できる配列（アンチコドン）をもち，ほとんどの場合，各コドンに

対応した種類の tRNA が存在する。tRNA の 3′ 末端には各アミノ酸の種類に応じた酵素（アミノアシル tRNA 合成酵素）によりアミノ酸に対応した tRNA にアミノ酸がエステル結合されアミノアシル-tRNA となる。この酵素がアンチコドンとアミノ酸の種類の双方を認識しているので，コドンとアミノ酸の種類の対応はこの酵素に依存している。標準コドン-アミノ酸対応表を**表 2.1** に示した。この表に示したものは多くの生物にみられる標準的なものであり，生物種により，また細胞中のミトコンドリアなどでは異なる対応もある。

表 2.1 標準コドン-アミノ酸対応表

（コドン中の第 1 塩基，第 2 塩基，第 3 塩基については図 2.5（c）を参照。括弧内はアミノ酸の 1 文字表記）

		コドン中の第 2 塩基				コドン中の第 3 塩基
		U	C	A	G	
コドン中の第 1 塩基	U	フェニルアラニン(F)	セリン (S)	チロシン (Y)	システイン(C)	U
		フェニルアラニン(F)	セリン (S)	チロシン (Y)	システイン(C)	C
		ロイシン (L)	セリン (S)	停止	停止	A
		ロイシン (L)	セリン (S)	停止	トリプトファン (W)	G
	C	ロイシン (L)	プロリン(P)	ヒスチジン (H)	アルギニン(R)	U
		ロイシン (L)	プロリン(P)	ヒスチジン (H)	アルギニン(R)	C
		ロイシン (L)	プロリン(P)	グルタミン (Q)	アルギニン(R)	A
		ロイシン (L)	プロリン(P)	グルタミン (Q)	アルギニン(R)	G
	A	イソロイシン (I)	トレオニン(T)	アスパラギン (N)	セリン (S)	U
		イソロイシン (I)	トレオニン(T)	アスパラギン (N)	セリン (S)	C
		イソロイシン (I)	トレオニン(T)	リシン (K)	アルギニン(R)	A
		メチオニン (M),開始	トレオニン(T)	リシン (K)	アルギニン(R)	G
	G	バリン (V)	アラニン (A)	アスパラギン酸(D)	グリシン (G)	U
		バリン (V)	アラニン (A)	アスパラギン酸(D)	グリシン (G)	C
		バリン (V)	アラニン (A)	グルタミン酸 (E)	グリシン (G)	A
		バリン (V)	アラニン (A)	グルタミン酸 (E)	グリシン (G)	G

〔2〕 リボソーム上でのペプチド合成

図 2.19 に示すように mRNA は，rRNA とタンパク質の複合体であるリボソームに結合する。真核生物ではリボソームは小胞体膜に結合し，粗面小胞体

(a) 開始段階

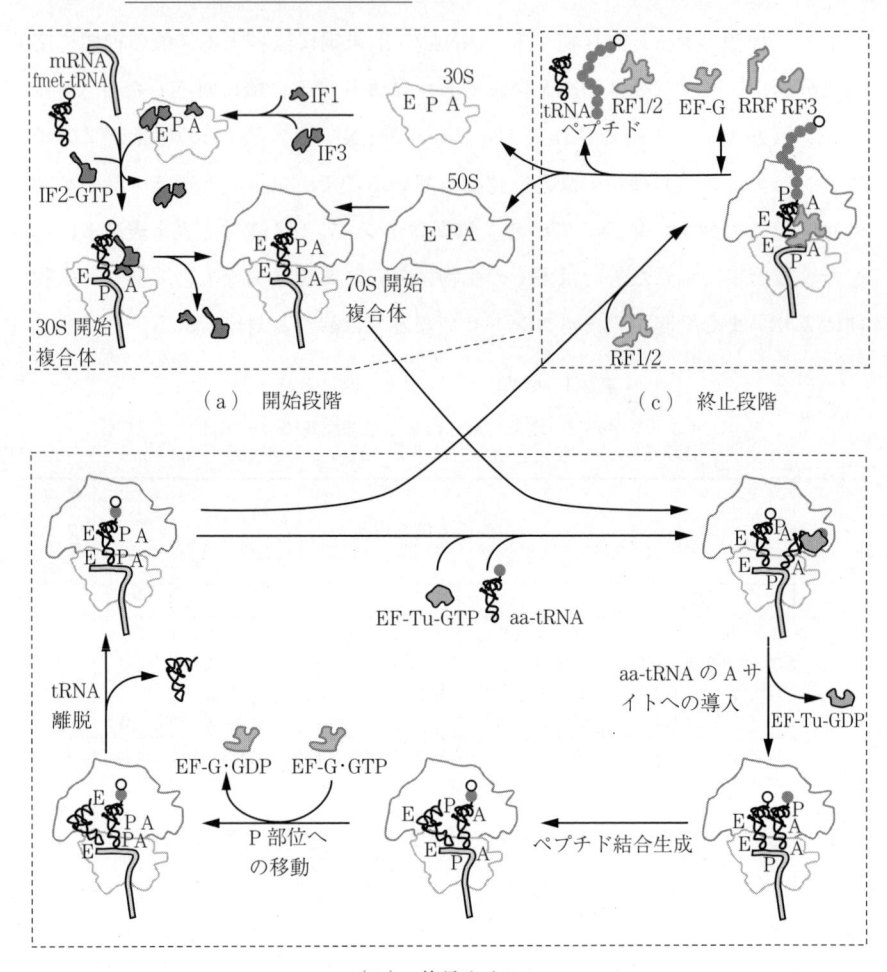

(b) 伸長サイクル

(c) 終止段階

開始段階 → 伸長サイクル → 終始段階へと進む。fmet-tRNA：ホルミルメチオニル-tRNA，IF：開始因子，30S：30S リボソームサブユニット，50S：50S リボソームサブユニット，70S：70S リボソーム，EF-G：伸長因子 G（EF-G），RRF：リボソームリサイクリング因子（リボソーム再生因子），EF-Tu：伸長因子 Tu，aa-tRNA：アミノアシル-tRNA，RF：終結因子（解離因子，解放因子），；リボソーム上の A，P，E はそれぞれ A 部位（A サイト，アミノアシル部位，aminoacyl-site），P 部位（ペプチジル部位，P サイト，peptidyl-site），E 部位（E サイト，出口部位，exit-site）を示す。
本図は riboworld.com（http://www.riboworld.com/）掲載の図を参考にして作成した。

図 2.19　細菌リボソーム上でのペプチド合成

を形成する。ミトコンドリア，核などのタンパク質は遊離リボソームでつくられる。翻訳過程には図（細菌の場合）に示すように開始，伸長，終止の3段階がある。

① **開始段階**（図(a)）　リボソームのP部位においてmRNA上の開始コドン（多くの場合AUG）に対応する開始tRNAであるメチオニル-tRNA（原核生物ではホルミルメチオニル-tRNA）が結合する。この段階には開始因子と呼ばれるタンパク質が必要である。

② **伸長段階（伸長サイクル）**（図(b)）　mRNA上のつぎのコドン位置（A部位）に対応したアミノアシル-tRNAが延長因子と呼ばれるタンパク質により結合し，このアミノ基に一つ前のP部位のアミノアシル-tRNA（開始段階では開始tRNA，合成途上ではペプチジル-tRNA）のカルボキシル基が転移，結合してアミノ酸残基が一つ延長したペプチジル-tRNAとなる（ペプチド転移）。このペプチド転移酵素反応はrRNAの1種の23sRNAのリボザイム機能による。mRNAとペプチジル-tRNAはA部位からP部位に移動（トランスロケーション）するとともに，ペプチドが転移して3′末端が空いたtRNAはE部位に移り，ついでリボソームから離れる。さらにつぎのコドンに対応したアミノアシル-tRNAがA部位に結合してペプチド鎖が伸長する。

③ **終止段階**（図(c)）　mRNA上の終止コドンがくるとリボソーム上のペプチジルトランスフェラーゼにより，ペプチジル-tRNAからペプチド鎖が切り離され，タンパク質の合成が終了する。

このようにタンパク質はmRNAの5′末端から3′末端への塩基配列に対応して，アミノ末端（N末端）からカルボキシル末端（C末端）の方向に合成される。これらの各段階にはほかにも数多くのタンパク質やGTP，ATPなどエネルギー供給補酵素が関与している。

2.3.7　タンパク質プロセシング

上記の過程で合成されたタンパク質は，その後さまざまな修飾を受ける。これを総称してタンパク質のプロセシングあるいは翻訳後修飾と呼ぶ。

2. 生物の構造と機能

〔1〕 ペプチド鎖の分解

タンパク質合成の開始に必要であったN末端のメチオニン残基の除去や，ペプチド鎖の生体膜通過に必要なシグナルペプチドの除去が行われることが多い。翻訳段階で合成された前駆体タンパク質が限定分解により成熟体タンパク質になることもある。シグナルペプチドの付いたタンパク質をプレタンパク質，前駆体タンパク質をプロタンパク質，これにシグナルペプチドが付いているものをプレプロタンパク質と呼ぶ。ペプチドホルモンは長鎖のペプチドが翻訳後に切断されて生じるものが多い。

ミスフォールドタンパク質（正しい折り畳みでないタンパク質）や不要になったタンパク質を細胞から除去するため，ユビキチン‐プロテアソームシステムと呼ばれるタンパク質分解機構がある。これは真核生物に広く分布するユビキチンというタンパク質がユビキチンシステム（酵素群）により標的タンパク質につぎつぎと結合し，ポリユビキチン化されたタンパク質ができ，プロテアソームと呼ばれる巨大酵素複合体プロテアーゼにより分解を受ける一連の過程である。

〔2〕 高次構造の形成

翻訳後の高次構造は不活性状態で，シャペロンと呼ばれるタンパク質の介在により，活性構造になる場合がある。膜透過による変形，高温による高次構造の変化などの修復などにもシャペロンが必要である。間違った高次構造をもつタンパク質はシャペロンにより正されるが，うまく折り畳まれなかったタンパク質は上述のユビキチン‐プロテアソームシステムにより分解される。これにより細胞中のタンパク質がつねに正常なものに保たれるので，このシステムをタンパク質の品質管理と呼ぶ

〔3〕 ジスルフィド結合の形成

タンパク質中の特定のシステイン残基間でジスルフィド結合がつくられる。また，タンパク質ジスルフィドイソメラーゼという酵素によりジスルフィド結合の組換えが促進，再編成が行われる。

〔4〕 プロリン残基の cis 化

タンパク質中のペプチド結合はほとんどの場合 trans 型であるが，プロリン残基の N 末端側のペプチド結合（プロリル結合）は cis 型も比較的とりやすく，この部位の cis-trans 異性化はタンパク質のフォールディングの速度を決める重要な要素の一つで，この異性化反応はプロリルイソメラーゼと呼ばれる酵素によって促進される。

〔5〕 補因子（補欠分子族，金属，補酵素）の付加

タンパク質の機能が翻訳により合成されたペプチド鎖のみでは発現されず，他の低分子の結合により初めて機能をもつ分子になる場合（多くの場合，酵素），タンパク質に結合する因子を補因子と呼ぶ。補因子には金属イオンやタンパク質と解離・会合により結合する補酵素のほか，タンパク質から遊離しない補酵素（しばしば補欠分子族と呼ばれる）などがある。

〔6〕 N 末端アミノ酸の修飾

アセチル化，ピログルタミン酸化（N 末端のグルタミンの自己環化），ミリストイル化（疎水性炭素鎖により，タンパク質が細胞膜に固定される）などがある。

〔7〕 C 末端カルボキシル基の修飾

アミド化，グリコシルホスファチジルイノシトール（GPI）付加（大きな疎水性のリン脂質でタンパク質を細胞膜上につなぐ）などがある。

〔8〕 ペプチド側鎖の修飾

リン酸化（セリン，トレオニン，チロシン残基の水酸基），脱アミド化（アスパラギンの側鎖），メチル化（リシンとアルギニンの側鎖），アセチル化（リシンのアミノ側鎖），糖鎖の付加（糖がセリン，トレオニンの水酸基，アスパラギン酸のアミド基に付加する。さまざまな生物機能を有するので，後に別項で述べる），ユビキチン化（標的タンパク質に存在するリシン側鎖のアミノ基とユビキチンと呼ばれるタンパク質の C 末端がアミド結合），ビルトイン型補酵素の形成（銅アミン酸化酵素前駆体のチロシン残基が銅イオンの存在下で自動的に酸化されて生成するトパキノン補酵素のように，ある種の酵素ではアミ

ノ酸残基から化学変化により共有結合した補酵素がつくられ，このような補酵素をビルトイン型補酵素と呼ぶ）などがある。

2.3.8 酵　　　　素

すでに酵素という用語を説明なく使ってきたが，ここで概説しておく。酵素は触媒作用をもつタンパク質である。しかし，生体中の触媒作用をもつ物質がすべて酵素ということはなく，すでに述べたように，触媒作用をもつRNAであるリボザイムは重要な生体触媒の一つである。酵素についての詳細は，本シリーズの「酵素工学概論」[4]，「応用酵素学概論」[6]を参照されたい。

〔1〕　分　　　　類

酵素は，国際生化学連合酵素委員会によって反応特異性と基質特異性の違いによって系統的に分類命名され，EC番号が与えられる。この分類により「系統名」が付されるが，「常用名」も用いられる。まず，酸化還元反応，転移反応，加水分解反応，解離反応，異性化反応，ATPが介在する合成反応の六つの反応特異性に分類され，EC 1からEC 6の大分類番号が付され，さらに細かい反応特異性の違いや基質の違いにより，ECのつぎにピリオドで区切られた4個の番号で表記される（EC 1.X.X.X　酸化還元酵素；EC 2.X.X.X　転移酵素；EC 3.X.X.X　加水分解酵素；EC 4.X.X.X　リアーゼ；EC 5.X.X.X　異性化酵素；EC 6.X.X.X　リガーゼ，Xは数字）。本シリーズの「応用酵素学概論」[6]に一覧がある。

〔2〕　活性部位・基質特異性

酵素タンパク質には基質（酵素によって化学反応を触媒される物質）が認識され結合する基質結合部位と触媒基がある触媒部位があり，これらをまとめて活性部位あるいは活性中心と呼ぶ。酵素タンパク質の立体構造解析の結果，これらの部位に属するペプチド鎖の原子や，補因子の原子が明らかになり，活性を発現する機構が詳細に解明されるようになった。基質結合部位に位置するさまざまな原子の位置と方向により，特定の基質のみが酵素に結合し反応し得る特異性（基質特異性）が生じる。図2.8（a）に酵素に結合した低分子の基質

アナログ，および図（c）には基質が棒球モデルで示してある．図（b）には基質アナログである阻害タンパク質を示した．これらの基質やアナログあるいは阻害剤が結合している周囲の酵素タンパク質の領域が活性部位で，その中に基質結合に関与したり，触媒作用を行ったりするアミノ酸残基や補因子などがある．

〔3〕 温度と pH による酵素活性の変化

酵素はタンパク質であるので，その安定性は温度や pH の影響を受ける．また，基質結合，触媒に関与する基により反応に至適な pH が存在する．極限環境（高温，高酸性，高アルカリ性，高塩濃度など）に生育する生物からは耐熱性，耐酸性など，偏った環境でも安定な酵素，またそのような環境で活性を発現する酵素が見いだされている．

〔4〕 酵素反応の制御

酵素は生体のほぼすべての化学反応をつかさどっているので，生命現象の維持には酵素機能の制御が欠かせない．

① **転写制御および翻訳制御による酵素タンパク質量の変化による制御**

すでに述べたように，転写段階，翻訳段階ではさまざまな制御がかかるシステムがある．これにより，状態に応じた酵素量を制御することができる．

② **酵素タンパク質の修飾による活性の制御**　タンパク質プロセシングの項で述べたように，タンパク質は翻訳後，さまざまな修飾を受ける．酵素はこれにより活性化や不活性化を受ける．タンパク質前駆体として転写された酵素はプロ酵素，それにシグナルペプチドが付いている場合はプレプロ酵素と呼ばれる．プロ酵素は従来チモーゲンと呼ばれていた．アミノ酸残基の修飾による制御も多く，代表的なものはリン酸化である．ある種の酵素では酵素タンパク質中のセリン，トレオニン，チロシン残基の水酸基が特異的なリン酸化を受け活性化あるいは不活性化が起こる．

③ **酵素タンパク質と他分子との結合や解離による活性の制御**　さまざまな物質が酵素に結合して，その酵素を活性化したり，不活性化することにより制御にかかわっている．これらの物質は酵素と可逆的な結合をし，濃度により

物質が結合した酵素の割合が変化するが，この結合の平衡の解離定数がきわめて小さい物質では事実上不可逆的な結合となる。また，共有結合により不可逆的な制御を受ける場合もある（前項の修飾と同じになる）。活性化を受ける場合もあるが，多くの場合，これらの結合により酵素活性が阻害され，酵素阻害剤が医薬品として用いられる場合が多い。活性化する物質を活性化剤（アクチベーター），不活性化する物質を阻害剤（インヒビター）と称する。

④ **アロステリック制御** タンパク質の活性部位とは異なる部位に制御物質（エフェクター）が結合することによりタンパク質の立体構造が変化してタンパク質機能を変化させる現象をアロステリック効果，あるいはアロステリック制御という。前項の活性化や不活性化は酵素に他分子が通常の解離平衡（結合物質濃度と効果が双曲線を描き，効果の変化度は濃度が低いほど大きい）に基づいて結合するのと異なり，アロステリック制御では結合する物質の濃度が低いところでは効果の変化度が低く，濃度の上昇とともに変化度が大きくなり変曲点を経て双曲線型に近くなるというＳ字型曲線（シグモイド）の濃度-効果対応曲線となる。この現象は複数のポリペプチド鎖（サブユニット）の集合体である4次構造をもつタンパク質を構成するサブユニットの立体構造変化（多くの場合回転を含む）により集合体全体に効果が及ぶことにより引き起こされる。図2.8（e）のL-乳酸脱水素酵素では4個の同一ペプチドによるサブユニットの相対位置が，エフェクターであるフルクトース1,6-二リン酸（FBP）の結合により相互に回転してずれることにより，活性部位が変形して基質が結合できる活性型になる。赤血球中のヘモグロビンは酸素濃度（酸素分圧）の低い血管の末端では酸素の結合力が低下して酸素を組織に供給し，酸素濃度の高い肺胞では酸素を十分に吸着するという性質があり，通常の解離平衡ではなし得ない効果がアロステリック効果により実現されている。生体では制御に関与する多くの酵素やそのほかのタンパク質でこのような制御が行われている。

2.3.9 糖鎖の付加

2.1.5項〔3〕で述べたように，一部のタンパク質，脂質には糖鎖が結合

して糖タンパク質や糖脂質となり，生体内で重要な生理作用を担っている。

糖鎖はグルコース（Glc），ガラクトース（Gal），マンノース，N-アセチルグルコサミン（GlcNAc），N-アセチルガラクトサミン（GalNAc），フコース，キシロース，シアル酸などが複雑に結合して形成されている。糖タンパク質，糖脂質は結合したタンパク質や脂質を安定化させたり，タンパク質のタグ（荷札）として細胞間の情報伝達に用いられ，また，プロテオグリカンとして水分を結合させ組織を保護するなどの重要な役割を果たしている。細胞表面の糖鎖は他の細胞（白血球，がん細胞など）や，細菌，ウイルス，毒素などが細胞に接着する際の結合部位となっている。細菌は表面のレクチン（糖鎖を特異的に認識して結合・架橋形成するタンパク質の総称）により宿主細胞表層の糖鎖と結合する。また，シアル酸の付いた糖鎖が結合すると，負電荷により，血管内皮細胞と反発して肝臓などでの分解が低くなる。

2.3.10 生体高分子の分解

本節では生体高分子の合成をおもに述べてきたので，いままでに述べていない重要な分解過程について概説する。

〔1〕 **DNA の分解**

DNA を分解してオリゴヌクレオチドやモノヌクレオチドを生成する酵素を総称してデオキシリボヌクレアーゼ（略称 DNase）と称する。次項の RNA を分解する酵素を含めて総称する場合はヌクレアーゼと呼ぶ。DNA，RNA の両者を分解するヌクレアーゼも知られている。末端から分解するエキソヌクレアーゼ（3′側または 5′側から切断），内側の結合を分解するエンドヌクレアーゼや，2本鎖 DNA を分解せず 1本鎖 DNA のみを分解するものがある。

制限酵素は細菌に存在する特殊な DNase で，外来 DNA を切断する防御的な酵素である（宿主ゲノムの対応する配列はメチル化などの修飾によって保護されているため切断されない）。制限酵素は DNA 中にある塩基配列のパターンを認識し，その付近あるいはその配列の内部で切断する。必須因子や切断様式により，Ⅰ，Ⅱ，Ⅲ型の3種類に分類されている。Ⅱ型の制限酵素により認識

されるのは2本鎖DNAの片側の塩基配列と相補鎖の塩基配列が同じであるパリンドローム（回文）パターンである。切断はその配列の内部で起こるが，切断後，一方の鎖の末端が突出している（粘着末端，スティッキーエンド）場合と，ない（平滑末端，ブラントエンド）場合とがある。このⅡ型制限酵素は遺伝子組換え技術に利用されている。

〔2〕 **RNAの分解**

RNAを分解する酵素はリボヌクレアーゼ（略称RNase）と呼ばれる。エンドヌクレアーゼもエキソヌクレアーゼも存在し，塩基を識別して分解を行う基質特異性の高いものも塩基の種類を問わず分解する酵素もある。mRNAなどの必要なRNAはリボヌクレアーゼインヒビターと呼ばれるペプチドによってリボヌクレアーゼによる分解をまぬがれている。

〔3〕 **タンパク質の分解**

タンパク質はアミノ酸がペプチド結合を介して重合した物質であり，この結合を加水分解する酵素をプロテアーゼと総称する。おもにタンパク質を分解する酵素をプロテイナーゼ，低分子ペプチドを分解する酵素をペプチダーゼと呼ぶことがあるが，タンパク質を基質にするが，その末端からペプチド単位で切断する酵素にもペプチダーゼという名称が使われている。

作用するpH領域，基質，触媒様式などによりさまざまに分類されている。医薬分野で注目されている酵素は基質特異性が高く，生体の状況に応じて活性が制御されている酵素や，不要タンパク質の除去に働いているユビキチン-プロテオソームシステムが重要である。工業用分解酵素として用いられる場合は基質特異性が低く，温度やpHなど環境要因に耐性である酵素が必要とされる。

2.4 エネルギーの生成

生物のもつエネルギー生成についてごくあらましを述べる。詳細は他書を参照されたい。最近これらの重要な過程にかかわるタンパク質の立体構造が解明され，その反応機構が明らかにされてきた。

2.4.1 高エネルギー化合物

ATP（アデノシン三リン酸），GTP（グアノシン三リン酸）のように，加水分解反応で大きな ΔG_0（自由エネルギー）の減少を伴う化合物を高エネルギー化合物と呼び，この高エネルギー化合物の加水分解と共役した反応により，エネルギー消費を伴う生体反応が進行する。これら高エネルギー化合物を生成する過程が生体のエネルギー生成反応である。エネルギーの貯蔵は酸化分解の代謝過程により高エネルギー化合物を生じる脂質，糖質への変換により行われる。

2.4.2 解糖系とTCA回路

生体が嫌気的（無酸素的）条件下でグルコースからATPを生成する反応過程を解糖系といい，ほとんどすべての生物に存在する。1分子のグルコースから2分子のATPがつくられ，エタノール（アルコール発酵）や乳酸（筋肉そのほかの組織）の生成が最終段階となる。好気的（酸素がある）条件下では回路途中のピルビン酸からアセチル-CoA経由でTCA回路に入る。

TCA回路はクエン酸回路とも呼ばれ，真核生物ではミトコンドリアのマトリックスで行われる反応で，アセチル-CoAのアセチル基（C_2基）をC_4化合物と結合させC_6化合物（クエン酸）をつくり，2分子のCO_2の生成というC_2基の酸化（脱水素反応）を行い，この水素により補酵素を還元する（$3NADH^{2+}$と$FADH_2$の生成）過程である。また，この回路の中間代謝物を介して糖新生，脂肪酸のβ-酸化，アミノ酸異化代謝と生合成，尿素回路など他の多くの経路とかかわっている。

2.4.3 呼吸鎖（電子伝達系と酸化的リン酸化）

上記反応で生じた還元型補酵素が原核生物では細胞膜，真核生物ではミトコンドリアの内膜において数多くの酵素タンパク質を介して最終受容体である酸素に渡されて水になる過程を呼吸鎖と呼ぶ。その前半の過程はミトコンドリア内膜のタンパク質や補酵素間で電子のやりとりが起こる過程で電子伝達系と呼

ばれる。その後，この過程で生じたプロトンがミトコンドリアのマトリックスから膜間に出て内膜を隔ててプロトンの濃度勾配が発生する。この濃度勾配のもたらす化学ポテンシャルを利用し，酵素複合体によりADPとリン酸からATPが合成される過程は酸化的リン酸化と呼ばれる。

2.4.4 光　合　成

　光合成は光合成細菌の行う酸素非発生型光合成と，高等植物や緑藻，青色細菌（らん藻，シアノバクテリア）が葉緑体（クロロプラスト）内で行う光エネルギーを用いた二酸化炭素の固定反応とがあるが，ここでは後者のみを扱う。光合成には，光のエネルギーを利用して水が酸素に酸化され，NADPH2+とATPをつくり出す光化学反応（明反応）と，この補酵素を利用して二酸化炭素から糖をつくるカルビン－ベンソン回路（暗反応）との2段階がある。光合成反応は葉緑体（クロロプラスト）と呼ばれる細胞内小器官で行われる。

〔1〕 光化学反応（明反応）

　明反応での光の受容体はクロロフィルaとbという色素で，β-カロテンなどカロテノイド類（黄色～橙色），フィコエリトロビリン（赤色），フィコシアノビリン（青色）などの補助色素とともに光エネルギーを吸収する。集められた光エネルギーは反応中心クロロフィルという複合体で光化学系II（極大吸収波長680 nm），つぎに光化学系I（極大吸収波長700 nm）という2段階のシステムで$NADP^+$の$NADPH_2^+$への還元とADPからのATP合成反応が進行する。

　光化学系で発生したプロトンが膜を隔ててプロトン勾配をつくり，上述した酸化的リン酸化と類似した機構でATPがつくられる。この反応過程を光リン酸化と呼ぶ。

〔2〕 カルビン－ベンソン回路（暗反応）

　明反応で生じたATPと$NADPH_2^+$を用いて，二酸化炭素（実際には水中の炭酸イオン）から糖を合成する炭酸固定反応を暗反応と呼ぶ。全体としては3分子の二酸化炭素（CO_2）が固定され，1分子のグリセルアルデヒド-3-リン酸

(GAP) を生成する反応である.生じた GAP は糖新生経路,そのほかの経路によって,スクロース,デンプン,セルロース,脂肪酸,アミノ酸の生成に用いられる.

この回路では CO_2 が取り込まれ,2 分子の 3-ホスホグリセリン酸(3-PG)を生じる反応を触媒するリブロース 1,6-ビスリン酸カルボキシラーゼオキシゲナーゼ(RuBP カルボキシラーゼオキシゲナーゼ,Rubisco)の反応が律速段階である.この酵素は葉緑体タンパク質の約 15％を占め,自然界に最も多量に存在する酵素である.

〔3〕 C_4 経路による光合成

トウモロコシ,モロコシ,サトウキビや雑穀類ではカルビン-ベンソン回路のほかに,二酸化炭素を濃縮する代謝経路である C_4 経路をもち,効率的に二酸化炭素を固定でき,このような植物を C_4 植物と呼ぶ.C_4 経路をもたない植物は C_3 植物と呼ばれ,イネやコムギなどの主要作物は C_3 植物である.C_4 経路の分,よけいなエネルギーを使うが,高温時,乾燥時にも光合成が十分に行えるので,主要作物を C_4 植物化するという研究が行われている.

2.5 発生と分化

多細胞生物において受精により新しい個体が生成し成熟する過程を発生と呼ぶ.発生の途中で同質の細胞群から,形態や機能の異なる組織ができる現象を分化という.再生や老化の問題もこれらに関係する.膨大な分野であるので,ここでは応用に関連する部分のみ,ヒトを含む哺乳類中心に概説する.

2.5.1 胚

図 2.20 に概略を示したように,受精卵の卵割と呼ばれる細胞分裂が始まると 2 細胞期,4 細胞期,8 細胞期,桑実胚を経て,胚盤胞(ブラストシスト,内部に空洞ができ,分化していない内部細胞塊がある)となる.これが子宮内膜と結合し結合面に胎盤を生じる.この時期を着床と呼ぶ.胚という名称はあいまいで,植物や動物で異なるが,哺乳動物では桑実胚から神経胚に至る時期

(a) 受精卵　(b) 2細胞期　(c) 4細胞期

(d) 8細胞期　(e) 桑実胚　(f) 胚盤胞（ブラストシスト）

内部細胞塊

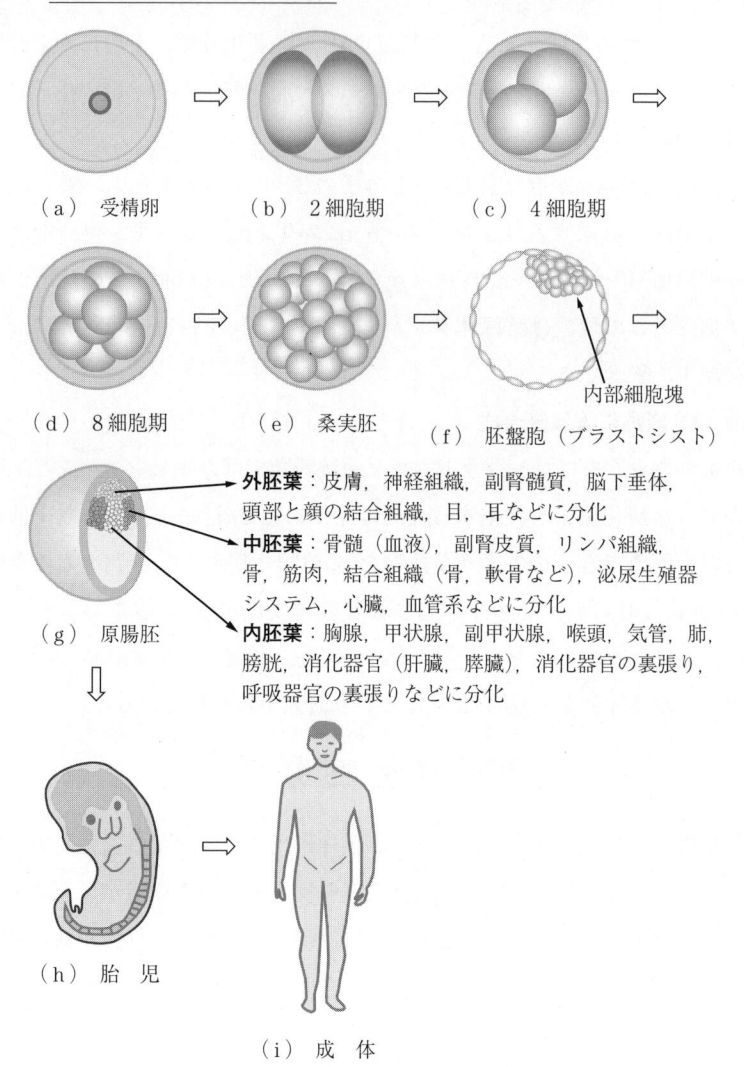

外胚葉：皮膚，神経組織，副腎髄質，脳下垂体，頭部と顔の結合組織，目，耳などに分化

中胚葉：骨髄（血液），副腎皮質，リンパ組織，骨，筋肉，結合組織（骨，軟骨など），泌尿生殖器システム，心臓，血管系などに分化

内胚葉：胸腺，甲状腺，副甲状腺，喉頭，気管，肺，膀胱，消化器官（肝臓，膵臓），消化器官の裏張り，呼吸器官の裏張りなどに分化

(g) 原腸胚

(h) 胎児

(i) 成体

図 2.20　受精卵からの分化

を指すことが多く，子宮に着床後は胎児と呼ばれる。

2.5.2 分　　化

上述のように，多細胞生物は集合した細胞が一個体を形成し代謝・自己複製

を行い，これらの機能を実現するさまざまな組織や器官をもつ．そのため，個々の細胞はさまざまな機能を分担するように特化していく．この過程を分化（細胞分化）と呼ぶ．多細胞生物も最初は1個の受精卵から出発するので，同一個体の細胞はすべて同じ遺伝情報を共有しており，分化は個々の細胞における遺伝子発現の差異に依存している．この分化の要因の一つには，染色体のヒストンのアセチル化や DNA のメチル化などの後天的 DNA 修飾によるヌクレオソームやクロマチン変化や，DNA の高次構造変化により選択的に遺伝子を活性化あるいは不活性化してしまう遺伝発現制御機構（エピジェネティクス）がある．発生や分化の異常はがんなどの疾患とも関係しており，塩基配列の変化だけでは説明できない疾患には，このエピジェネティクスの関与が考えられている．それぞれの器官により細胞の性質が異なるのは細胞の種類ごとにエピジェネティック情報が異なっているためである．卵と精子が受精して発生を開始するとエピジェネティック情報がいったん消され，その後，細胞の分化に応じて固有のエピジェネティック情報が書き込まれる．

　また，ある細胞が特定の細胞種へと分化するために必要な一群の遺伝子の発現指令スイッチとして機能する他の少数の遺伝子が明らかになり，マスター遺伝子と呼ばれる．

　通常，分化の方向は一方向で，正常組織では分化の方向に逆行する細胞の幼若化（脱分化）は損傷した組織の再生などの場合を除いて起こらない．一部の組織（肝臓細胞や筋肉細胞など）では脱分化により再生（分化した組織の再構成）が起こる．植物には普通に生じるが，動物の場合は一部に限られる．

2.5.3 幹　細　胞

　細胞分化の途中の段階では，細胞分裂によりつぎの分化細胞をつくるとともに，元となる自己の分化能を維持している細胞があり，幹細胞（stem cell）と呼ばれる．幹細胞から生じた2個の娘細胞の，一方は別の種類の細胞に分化するが，他方は再び同じ分化能を維持し幹細胞を再生する．この点で他の細胞と異なり，発生や組織・器官の維持のための細胞供給を行っている．幹細胞では

テロメラーゼが発現してテロメアの長さが維持されているので分裂が繰り返されるのである。

幹細胞の分化能力にはさまざまな段階がある（**図2.21**）。

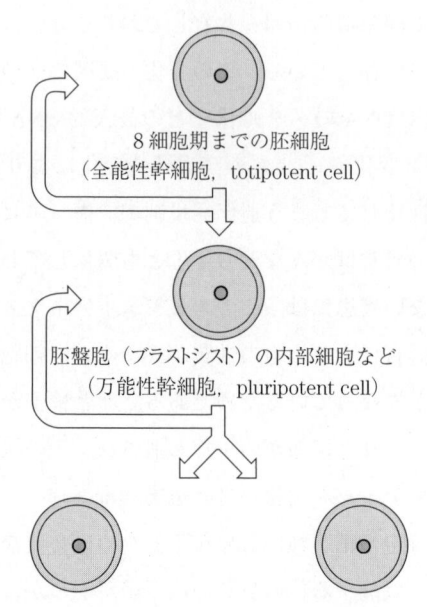

8細胞期までの胚細胞
（全能性幹細胞, totipotent cell）

胚盤胞（ブラストシスト）の内部細胞など
（万能性幹細胞, pluripotent cell）

造血幹細胞（成体幹細胞）　　各種組織の幹細胞（成体幹細胞）
（多能性幹細胞, multipotent cell）　（多能性幹細胞, multipotent cell）

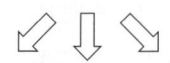

白血球，赤血球，血小板など　　皮膚，肝臓，腸上皮，神経など

図2.21　さまざまな段階での幹細胞

胚の初期段階（8細胞期まで）の細胞は生体を構成するすべての種類の細胞に分化する能力があり，これを全能性（totipotent）と呼ぶ。胚盤胞（ブラストシスト）胚盤胞の内部細胞塊から得られた幹細胞（胚性幹細胞, embryonic stem cell）は胎盤など胚体外組織以外のすべての細胞に分化する能力をもち，万能性（pluripotent）と名付けられ全能性と区別される。各組織・器官にはその組織に特有な分化した細胞が多数存在しているが，その分化する前の未分化細胞である幹細胞が混在している。この細胞は，それが存在している組織内の

あらゆる個別細胞に分化し得る能力をもつ。これらは成体幹細胞（体性幹細胞，組織幹細胞）といわれ，骨髄や血液，目の角膜や網膜，肝臓，皮膚などで発見され，従来幹細胞が存在しないとされてきた脳や心臓でも最近見いだされている。この成体幹細胞の分化能力は多能性（multipotent）と呼ばれる。白血病などの治療に必要な骨髄移植に用いられる骨髄幹細胞はすでに幹細胞の利用が実用化されている例であるが，すでに造血幹細胞，神経幹細胞，肝幹細胞，皮膚幹細胞，生殖幹細胞などが知られており，自分の体から取り出した成体幹細胞は免疫的な拒絶反応の問題を心配する必要がないため，現実的な治療への活用が期待される。これについては4章で取り上げる。

2.6 生体の情報伝達

多細胞生物においては，その構成している部分の間で絶えず情報伝達が行われている。また，個々の細胞内部でも細胞外からの刺激や内部の状況の変化に対応して代謝系を制御するための情報伝達が必要である。単細胞生物も含めて個体間でも情報伝達（信号伝達，シグナル伝達）が重要である。ここでは動物，特にヒトの場合を中心に細胞間と細胞内の情報伝達を概観し，最後の項で他の動植物・微生物の生命工学に関連するする情報伝達について触れる。

2.6.1 細胞間情報伝達
〔1〕受容体

生体はさまざまな化学物質のやりとりにより情報伝達を行っている。細胞が化学物質と結合して情報を受け取るのは受容体（receptor，リセプターあるいはレセプター）と呼ばれる細胞膜，細胞質，核内にあるタンパク質やタンパク質複合体である。一般に受容体に結合して情報を伝える物質をリガンド（ligand）と呼び，金属イオンや，低分子物質からタンパク質など高分子物質までさまざまある。受容体には，これらさまざまな種類のリガンドそれぞれに特異的に結合する酵素やイオンチャネル活性をもつもの，あるいは他のタンパク質と共役して働くものが多い。

ゲノム解析などDNA配列解析が進んだことにより，アミノ酸配列から受容体に構造が類似しているが，その機能がまだ不明なタンパク質が多く発見されている。これらはオーファン受容体（orphan receptor，孤児受容体）と呼ばれている。これらのタンパク質の解析から医薬品の候補が見つかる可能性があるので創薬の面からも注目されている。

生体内物質以外の物質で受容体と結合すると生体内物質と同様な生体応答反応を引き起こす物質をアゴニスト（agonist，作動剤，作動薬，作動物質）と呼ぶ。また，結合により本来結合すべき生体内物質と受容体の結合を阻害し，生体応答反応を起こさない薬物（アゴニストと拮抗的に作用する）物質をアンタゴニスト（antagonist，拮抗剤，拮抗薬，拮抗物質，遮断薬）と呼ぶ。生体物質の場合と同じ反応を引き起こす場合はフルアゴニスト（完全アゴニスト）と呼び，部分的な活性を起こす作用が弱い化合物をパーシャルアゴニスト（部分アゴニスト，部分作動薬）というが，場合によりアゴニストとアンタゴニストの双方の活性を示すことがある。受容体が変異を受け作動物質の刺激なしにつねに活性化している場合，この変異受容体の活性を抑える物質をインバースアゴニスト（逆作動剤）と呼ぶ。いずれの場合も創薬の対象として重要である。

〔2〕 細胞間情報伝達

単細胞生物でも多細胞生物でも，ほとんどの細胞間でリガンドのやりとりで情報伝達している。これを細胞間情報伝達と呼ぶ。水溶性リガンドに対する受容体は細胞表面にあるが，ステロイドなど脂溶性のリガンドの受容体は細胞内に存在する。高等動物の情報伝達は，伝達方法によって以下のさまざまな種類が存在する（図2.22）。

① **パラクリン（paracrine，傍分泌）型**　近隣の細胞に局所的仲介物質を送ることで，情報伝達を行う（図(a)）。

② **内分泌型**　内分泌細胞が血流中に伝達物質（ホルモン）を分泌し，遠隔の細胞に伝える（図(b)）。

③ **タンパク質間相互作用型**　免疫細胞間などで，たがいの受容体どうし

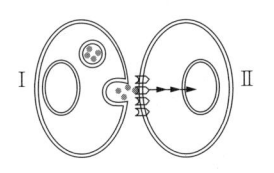

(a) パラクリン（傍分泌）型　　　　　　（b) 内分泌型

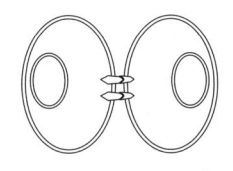

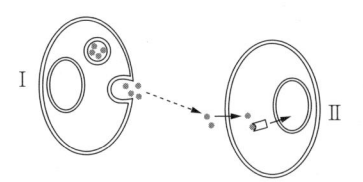

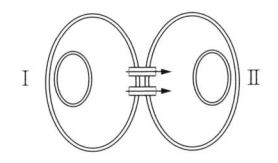

(c) タンパク質間相互作用型　　　　（d) ギャップ結合（ギャップジャンクション）型

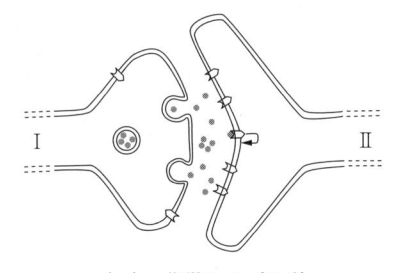

(e) 化学シナプス型

細胞Ⅰから細胞Ⅱに情報伝達が行われる。

図 2.22　細胞間情報伝達

の結合により情報伝達を行う（図(c)）。

④ **ギャップ結合（ギャップジャンクション）型**　　管状の膜貫通タンパク質が隣の細胞のものと結びついた構造である。細胞どうしが電気的につながったり，カルシウムイオンなどを通過させることにより細胞間の同調が行われる（図(d)）。

⑤ **化学シナプス型**　　神経細胞の軸索末端シナプスで接触する筋肉細胞や別の神経細胞に伝達物質を送る（図(e)）。

〔3〕 **神　経　系**

神経系は神経細胞（ニューロン）という特殊に分化した細胞からなり，動物

が全身の情報伝達と処理を行っている器官である．一般に，集合して情報の統合を担っている「中枢神経系」と，体全体に繊維状に分布している「末梢神経系」とに分けられる．ここでは神経細胞について略記する．神経細胞のおおよその構造はつぎの三つの部分に分けられる．

① **細胞体**　　細胞核のある部分

② **樹状突起（一つの細胞に複数ある）**　　他の細胞からの入力情報を受け取る部分

③ **軸索（基本的には一つの細胞に1本）**　　他の細胞に情報を出力する部分．樹状突起と軸索の終末（終末接点）は，それぞれ隣接する神経細胞の軸索と樹状突起とに接していて，この部分をシナプスと呼ぶ．神経系の末端では神経細胞と筋線維，または神経細胞と他種細胞間にシナプスが形成される．

シナプスのほとんどは化学シナプス（図(e)）と呼ばれ，終末接点から放出された神経伝達物質が，隣の細胞の樹状突起表面の受容体に受け取られ，その細胞の膜電位が変化し，脱分極により動電位が発生して軸索に沿って伝達される一方向情報伝達が起こる．また，網膜の神経細胞間や心筋の筋繊維間などには，細胞間がイオンなどを通過させる分子で接着され，細胞間に直接イオン電流が流れて細胞間のシグナル伝達が行われる電気シナプス（図(d)ギャップ結合型）も存在する．

シナプス間で放出，受容される神経伝達物質は50種類以上が確認されている．大別すると，アセチルコリン，アミノ酸類（グルタミン酸，γ-アミノ酪酸，アスパラギン酸，グリシンなど），ペプチド類（バソプレシン，ソマトスタチン，ニューロテンシンなど），モノアミン類（ノルアドレナリン（ノルエピネフリン），ドパミン，セロトニン）などである．そのほか一酸化窒素，一酸化炭素なども神経伝達物質様の作用を示す．

〔4〕**ホルモンとサイトカイン**

ホルモンとは，動物体内の特定の器官（内分泌腺の細胞や胃，腸，腎臓，脳など）で合成・分泌され，血液により体内を循環し，別の特定器官の働きを微量で調節する情報伝達物質の総称である．体外（消化管など体腔を含む）に

乳，汗，消化液などが分泌される外分泌と対比してホルモンの分泌を内分泌と呼ぶ．化学構造で分類すると，ステロイド系ホルモン，ペプチド・タンパク質系ホルモン，アミノ酸誘導体系ホルモンの3群に分けられる．

ホルモンの標的器官の細胞にはホルモン受容体（ホルモン分子に特異的に結合するタンパク質）が存在する．ペプチド・タンパク質系ホルモンなど水溶性ホルモンの受容体は細胞膜に存在するが，ステロイド系ホルモンなど脂溶性のホルモンの受容体は細胞内（細胞質や核）にある（図2.22(b)）．

ホルモンにも神経伝達物質にも分類できないものをホルモン様物質（オータコイド，autacoid）といい，なかでも，赤血球以外のすべての組織でつくられるエイコサノイド（プロスタグランジン，トロンボキサン，ロイコトリエン）が重要である．これらは生体膜の構成成分の一つであるアラキドン酸から生合成され，ごく微量で多様な強い生理活性をもつ．図2.11(d)にプロスタグランジンG_2の構造式を示した．プロスタグランジンはさまざまな作用をもち，例えば，プロスタグランジンE2とプロスタグランジンE1は発熱作用，胃酸分泌抑制（E2&E1），胃粘膜保護（E2）作用があり，プロスタグランジンの異常産生抑制作用を押さえる強い抗炎症薬を用いると胃炎，胃潰瘍にもなる．

細胞から放出され，種々の細胞間相互作用を媒介するタンパク質性因子を総称してサイトカインといい，それぞれのサイトカインに特異的な受容体がある．サイトカインはすでに数百種類が発見され，いまも発見が続いている．きわめて微量（$10^{-10} \sim 10^{-13}$ mol/l）で効果を発揮し，主として産生される場所の近傍で働く（図2.22(a)）．また，サイトカインは他のサイトカインの発現を調節する働きをもち，連鎖的反応（サイトカインカスケード）を起こすことが多い．このカスケードに含まれるサイトカインとそれを産生する細胞は相互作用してサイトカインネットワークを形成する．

サイトカインは免疫，炎症，生体防御において重要な役割を担っている．きわめて多種のものがあり，代表的なものを分類して挙げる．

① インターロイキン（**IL**）　白血球が分泌し，白血球間の情報伝達を行い，細胞の分化，増殖，活性化や，免疫系の調節に機能する．現在30種以上

が知られている。

② **インターフェロン（IFN）**　ウイルス増殖阻止や細胞増殖抑制の機能をもち，免疫系でも重要である。INF-α（白血球性IFN），INF-β，INF-γ（免疫IFN）などがある。

③ **細胞傷害因子**　腫瘍壊死因子（TNF-α）やリンホトキシン（TNF-β）などがあり，細胞にアポトーシスを誘発する。これらは構造的にもたがいに類似しており，TNFスーパーファミリーと呼ばれる。TNF-αは，代表的な炎症性サイトカインである。

④ **造血因子**　血球の分化・増殖を促進する。コロニー刺激因子（CSF，マクロファージを刺激），顆粒球コロニー刺激因子（G-CSF），エリスロポエチン（エリトロポエチン，EPO，赤血球を刺激）などがある。

⑤ **細胞増殖因子**　特定の細胞に対して増殖を促進する。上皮成長因子（EGF），線維芽細胞成長因子（FGF），血小板由来成長因子（PDGF），肝細胞成長因子（HGF），トランスフォーミング成長因子（TGF），インスリン様成長因子（IGF），神経成長因子（NGF）などがある。

⑥ **アディポカイン**　脂肪組織から分泌されるレプチン，TNF-αなどで，食欲や脂質代謝の調節にかかわる。

⑦ **神経栄養因子**　神経成長因子（NGF）など。神経細胞の成長を促進する。

2.6.2　細胞内情報伝達

前項の細胞間で行われた情報伝達の結果，細胞にもたらされた情報は細胞内でさまざまな情報伝達経路を経て生化学反応の連鎖に変換される。この過程を狭義の信号伝達（シグナル伝達，signal transduction）と呼ぶ。

情報は細胞膜上の受容体にホルモン，サイトカインなどの細胞外シグナル分子（第1（次）伝達物質，ファーストメッセンジャー）が結合することで細胞内の酵素や第2（次）伝達物質（セカンドメッセンジャー）に伝えられ，最終的には細胞の機能変化や核内の転写因子による特定遺伝子の転写調節，アポ

トーシスによる細胞死などが起こる。また別の経路との間で影響を与え合うクロストークが起こったり，ステロイドホルモンのように細胞質内の受容体と結合し直接転写を制御する場合もある。多くの場合，カスケードによる増幅作用が行われる。

細胞内情報伝達にかかわる分子にはつぎのようなものがある。

① **セカンドメッセンジャー**　　cAMP，cGMP，カルシウムイオン，イノシトール三リン酸，ジアシルグリセロールなどの低分子化合物。それぞれ特異的なタンパク質に結合してその活性を変化させて情報を伝達する。

② **セカンドメッセンジャー発生分子**　　セカンドメッセンジャーを合成する酵素やカルシウムイオンを細胞質に透過させるイオンチャネル。

③ **タンパク質リン酸化酵素（プロテインキナーゼ）**　　特定のタンパク質をリン酸化してその活性を変化させて情報伝達を行う。

④ **タンパク質脱リン酸酵素（プロテインホスファターゼ）**　　キナーゼと逆に，リン酸除去反応を行い情報伝達に関与。

⑤ **GTP結合タンパク質（Gプロテイン）**　　GTPとその加水分解産物GDPを結合した状態で，それぞれオン・オフとして働く分子スイッチ。受容体（GPCR型）に結合して働くGタンパク質と，がん遺伝子rasの産物に代表される低分子型GTP結合タンパク質に分けられる。アデニル酸シクラーゼやプロテインキナーゼに情報を伝える。

⑥ **カスパーゼ**　　プロテアーゼの一種で，アポトーシスを制御するシグナル伝達系でカスケードを構成し，下流のタンパク質を限定分解することで活性化する。

2.6.3　他の動植物・微生物における情報伝達

ほかにも生物にはさまざまな情報伝達システムがある。生命工学に関連するいくつかについて以下に記すが，〔1〕から〔4〕までは本シリーズの天然物化学[7]に詳細に述べられているので参照されたい。

2. 生物の構造と機能

〔1〕 植物ホルモン

植物ホルモンの正確な定義はなく，植物の成長調節物質のうち，植物により生産され，低濃度で植物の生理過程を調節する物質が植物ホルモンと呼ばれ，植物の発芽，成長，開花に微量で効果を発揮している。おもなものをつぎに挙げる。

① **オーキシン**　細胞分裂に関与し，茎や根の伸長成長，頂芽の成長，果実の肥大，発根，組織分化などの促進，側芽の成長，果実，葉の脱離阻害を起こす。

② **ジベレリン**　細胞分裂に関与し，茎や根の伸長，発芽促進，開花促進，結実促進，落葉抑制などの作用をもつ。

③ **サイトカイニン**　分化促進，カルスの形成，根の成長阻害，側芽の成長，細胞の拡大，クロロフィル合成促進，種子発芽と休眠打破，老化と離層形成の制御，単為結実の促進，果実の成長の促進を起こす。

④ **アブシジン酸**　エチレンを作用させ，落葉などの脱離誘導，休眠誘導，種子発芽抑制，気孔の開閉調節に関与している。

⑤ **エチレン**　発芽，開花，果実の成熟，落葉などの脱離，老化の促進と細胞分裂阻害，伸長成長阻害に関与している。

⑥ **ブラシノステロイド**　茎などの伸長，葉の拡大，根の伸長など植物全体を大きくする。老化の促進，温度ストレス，化学薬剤の薬害，塩害などに対する抵抗力を増す。

〔2〕 アレロパシー

ある一種の植物が生産する化学物質が環境に放出されることによって，他植物に直接または間接的に与える作用をアレロパシー（他感作用）と呼び，動物や微生物を防いだり，あるいは引き寄せたりする効果をもつ。海藻や微生物が生産する化学物質による効果も含まれることがある。植物が傷つけられた際に放出する殺菌力をもつ揮発性の物質であるフィトンチッドも含む広範な定義もある。

〔3〕 フェロモン

　フェロモンとは動物の個体から体外に分泌され，同種の他の個体に特異的な反応を引き起す低分子化学物質で，昆虫やダニ類の性ホルモンが有名であり，哺乳動物にも認められる。この性質をもつ物質を誘引剤として昆虫除去などに用いられている。

〔4〕 抗 生 物 質

　微生物が分泌し，多種の微生物の増殖を抑制する低分子化学物質の総称で，医薬品として用いられている。

〔5〕 クオラムセンシング（quorum sensing）[9]

　一部の細菌にみられる現象で，オートインデューサーと呼ばれる物質を菌体外に分泌し，同種の菌の生息密度を感知する（センシング）することにより，あるレベル以上の菌数になると特定の物質産生が起こる現象を指す。菌体内でつくられたオートインデューサーは菌体外に分泌され拡散して濃度が低下するが，菌数が多くなると環境中のオートインデューサーの濃度の増加により，菌体内の濃度も増え，特定の物質産生の転写が起こると考えられる。緑膿菌やセラチアなどの病原細菌が日和見感染（患者が健康なときには病原因子をつくらないが，患者の免疫力の低下などで抵抗性が低下すると菌数が増加し病気を起こす）を起こすとさまざまな病原因子を産生する原因とされる。この現象の阻害が感染症の予防や治療に役立つ可能性がある。

2.7　免　　　疫

　高等動物では，体内に自己とは異なる細胞やタンパク質が入り込むと，自己のシステムの異常をきたすので，これを排除する仕組みがある。この自己と非自己（他者）の識別（自他認識）と非自己の排除を行う機構が免疫である。非自己の物質を抗原と呼ぶ。後で詳しく述べるが，抗原を認識・結合して免疫反応を行うために分泌されるタンパク質を抗体と呼ぶ。免疫はきわめて複雑なシステムであり，詳細は本シリーズの「免疫学概論」[3]を参照されたい。

2.7.1 免疫に関与する細胞

免疫には血球などと同じく造血幹細胞から生じる白血球と総称される細胞群（**図 2.23**）が働く。以下に免疫系細胞の概略を示す。

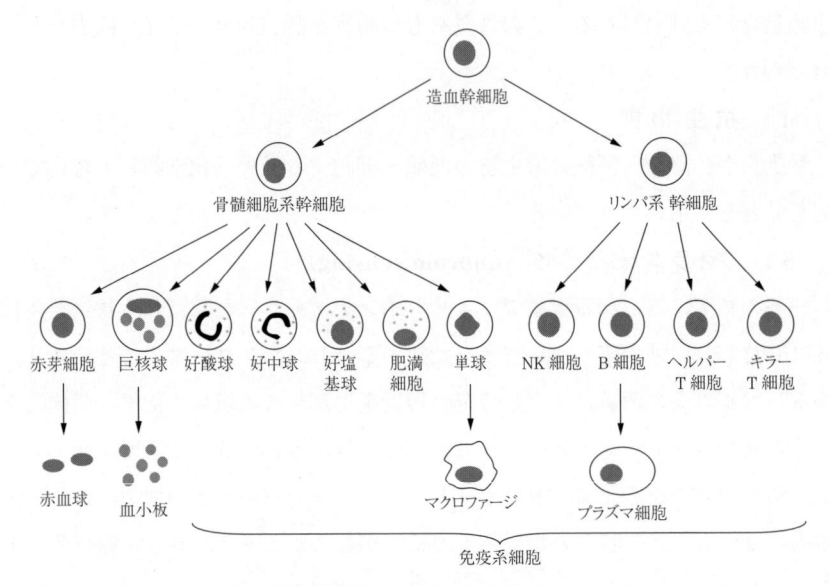

図 2.23 免疫細胞・赤血球の分化

（1）**単 球**　血液中のものを単球と呼び，組織に入って成熟し，マクロファージ，樹状細胞（リンパ組織に存在），ランゲルハンス細胞（皮膚の浅い場所，表皮にのみ存在）に分化する。抗原を貪食し，その一部のペプチドを細胞膜表面に露出（提示）するので抗原提示細胞と呼ばれる。

（2）**リンパ球**

① **T 細胞**　胸腺内で成熟・分化する。キラー T 細胞，ヘルパー T 細胞など多くの種類がある。

② **B 細胞**　骨髄でつくられ，脾臓やリンパ節で成熟・分化する。抗原受容体を膜上にもち，ヘルパー T 細胞，マクロファージの存在下に抗原で活性化され抗体産生細胞（形質細胞，プラズマ細胞）となり，受容体と同じ特異性の抗体を分泌する。抗原提示細胞でもある。

③ **NK 細胞** 非特異的にがん細胞やウイルス感染細胞を攻撃するリンパ球様の細胞である。

（3） **顆粒球**
① **好中球** 食作用により種々の微生物感染から防御する。
② **好酸球** 抗原抗体複合体を貪食する。
③ **好塩基球** 組織に存在するものを肥満細胞（マスト細胞）という。

ヘパリン，ヒスタミン，セロトニンなどを含む顆粒があり，炎症反応などに関与する。

マクロファージ，樹状細胞，好中球など食作用をもつ細胞を食細胞（貪食細胞）と呼ぶ。

2.7.2 免疫に関与する主要なタンパク質

免疫現象にはさまざまなタンパク質が関与している。ここでは，その中の2種類のタンパク質について簡単に解説する。ほかは文献[3]を読まれたい。

〔1〕 **免疫グロブリンと関連タンパク質**

免疫細胞が分泌して，抗原と結合するタンパク質を抗体と呼び，タンパク質分類では免疫グロブリン（イムノグロブリン）と称される。また，このタンパク質と類似した構造を一部にもつ一連のタンパク質があり，免疫グロブリンスーパーファミリーと総称される。免疫グロブリンには大きさや生理活性が異なる IgG，IgA，IgM，IgD，IgE の5種類が知られており，基本的なものは IgG（イムノグロブリン G）で図 2.24 のような構造である。長短のポリペプチド鎖（軽鎖（L鎖）および重鎖（H鎖）と名付けられている）の同じものがそれぞれ2本，計4本がジスルフィド結合でつながれていくつかのドメインに分かれて折り畳まれている。

IgG をタンパク分解酵素パパインで処理すると，図（a）に示すヒンジ領域が分解され2個の Fab 領域と1個の Fc 領域が得られる。Fab 領域は図（a）および（b）に示すように L 鎖全体と H 鎖の N 末端側の領域を含み，Fc 領域は H 鎖の C 末端側領域を含む。Fc は以下に述べる補体を活性化する働きを

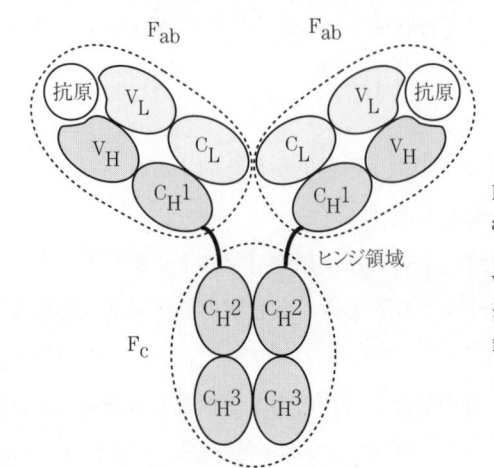

(a) IgG と抗原の模型図。Fab：Fab 領域（fragment, antigen binding），Fc：Fc 領域（fragment, crystallizable），V：可変領域，C：定常領域，添字の H と L は H 鎖および L 鎖を示す。

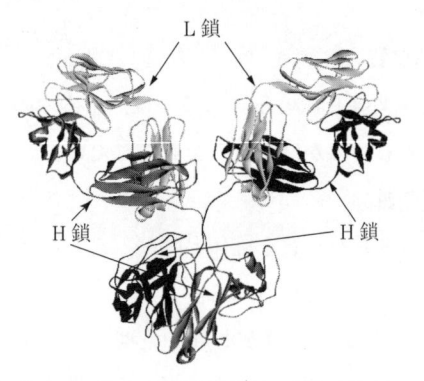

(b) IgG の X 線結晶解析立体構造模型。PDB 番号：1IGY

(c) リゾチームを抗原とする抗体で，抗原（リゾチーム）が結合した Fab 領域の X 線結晶解析立体構造模型。PDB 番号：3HFM

いずれの抗体部分も濃く描いた部分は H 鎖，灰色で描いた部分は L 鎖を示す

図2.24 IgG 免疫グロブリンの構造

し，食細胞の Fc レセプターに結合する。それぞれのポリペプチド鎖は図（a）に V（可変領域）および C（定常領域）と名付けた楕円で示したドメイン構造を形成して折り畳まれている（図（b）および（c）の立体構造模型参照）。

補体は血液中に存在する約 20 種のタンパク質からなる複雑な反応系で，溶菌作用（細菌膜，感染細胞膜に穴を開ける），オプソニン作用（食細胞が食べやすくする），食細胞の感染部位への集合を促進する（好中球を炎症局所へ呼

び寄せる）などの機能により非自己を排除する．

　図（c）はFab領域に抗原（この場合リゾチーム）が結合したもののX線結晶解析による立体構造模型で，抗原を認識し結合する部分（抗原結合部位，IgG 1分子中に同一のものが2箇所）が両鎖のV領域であることがわかる．IgG各分子中でC領域のアミノ酸配列はほとんど変わらないが，V領域では分子ごとに異なり，特に抗原に接している部分の配列は違いが著しく超可変領域とも呼ばれる．各IgG分子は生産する免疫細胞ごとに異なり，そのアミノ酸配列を決定する遺伝子の塩基配列が異なることの反映である．

　抗原は抗体が認識し結合する物質であるが，抗原が高分子量分子（例，タンパク質，多糖類，核酸）の場合，抗体が結合するのは抗原全体ではなく，その表面上に存在する特定の構造で，この部分をエピトープまたは抗原決定基と呼ぶ．エピトープ，あるいはそれを含む低分子量物質の場合，抗体と特異的に反応できるが，他の分子，通常はタンパク質（キャリアタンパク質）と結合しない限り抗体産生を誘導できず，この物質をハプテン（不完全抗原）と呼ぶ．

　すべてのIgG分子遺伝子の数はゲノム中の遺伝子の数をはるかに超える矛盾が出てくる．これはIgGを生産するB細胞（後述）が幹細胞から体細胞に分化する際にきわめて頻度の高い体細胞変異（体細胞超変異，SHM）が起こることによる．

　図2.25にH鎖の場合について概略を示したように，V領域に関係する遺伝子はV（数百から数千個の遺伝子領域がある），D（少なくとも12個）およびJ（6個）遺伝子クラスターに分かれ，染色体上，不連続に位置している．これらの領域はB細胞が成熟する過程でプロセシングにより近接し，それぞれのクラスター中の遺伝子領域が図に示すようにランダムに結合し，さらに結合時に変異が加わるため非常に多種のH鎖遺伝子が成熟した各B細胞に分配され，細胞ごとに抗原を認識結合する構造が異なるIgGが生まれることになる．L鎖についても同様な変異が起こるので，IgG遺伝子の遺伝子はきわめて多種類になる．このようにして，個々の成熟したB細胞はそれぞれ異なる免疫グロブリン遺伝子をもつ集団となり，単にB細胞と呼ぶ場合はそれぞれ異なる

2. 生物の構造と機能

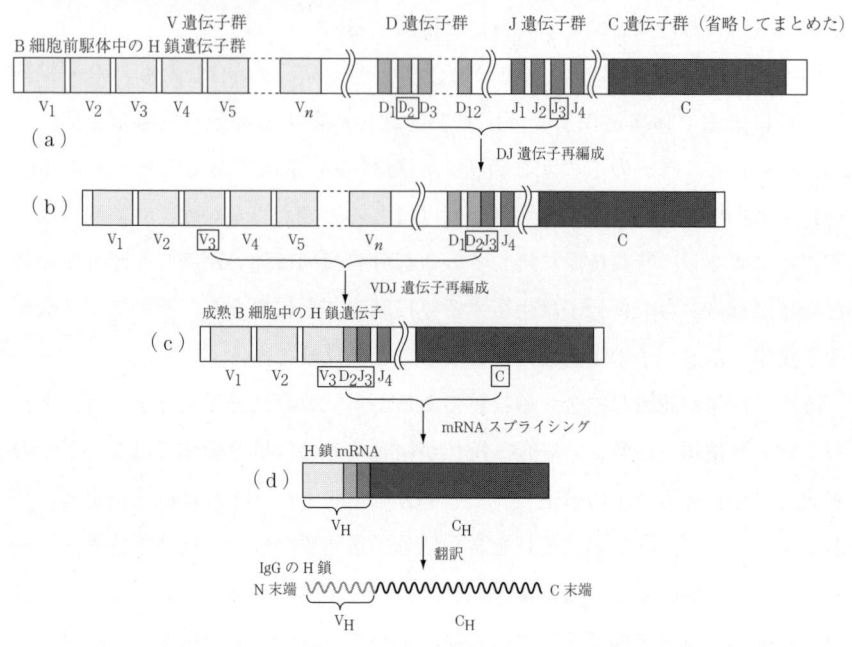

B細胞前駆体中のH鎖遺伝子群　V遺伝子群　　　　D遺伝子群　J遺伝子群　C遺伝子群（省略してまとめた）

(a) V_1 V_2 V_3 V_4 V_5 … V_n … D_1 D_2 D_3 … D_{12} J_1 J_2 J_3 J_4 … C

↓ DJ遺伝子再編成

(b) V_1 V_2 V_3 V_4 V_5 … V_n … D_2 J_3 J_4 … C

↓ VDJ遺伝子再編成

成熟B細胞中のH鎖遺伝子

(c) V_1 V_2 … V_3 D_2 J_3 J_4 … C …

↓ mRNAスプライシング

H鎖mRNA

(d) ⎯⎯⎯⎯⎯⎯⎯⎯⎯⎯⎯⎯
   V_H　　C_H

↓ 翻訳

IgGのH鎖
N末端 〜〜〜〜〜〜〜〜〜〜〜〜〜〜〜 C末端
　　　V_H　　C_H

例として□で囲んだ領域付近が選択され結合してmRNAとして再構成される場合を示した。

図2.25 IgG H鎖の遺伝子再構成の概念図

遺伝子情報をもつB細胞の集団を指す。個々のB細胞がその免疫グロブリン遺伝子に基づいてつくる抗体は同一アミノ酸配列構造のタンパク質で，モノクローナル抗体と呼ばれ，異なる遺伝子情報をもつB細胞集団が産生する抗体集団はモノクローナル抗体の混合物で，ポリクローナル抗体と呼ばれる。

〔2〕 **主要組織適合遺伝子複合体**

　主要組織適合遺伝子複合体（MHC，主要組織適合抗原，ヒトの場合はヒト白血球型抗原（HLA）ともいう）とは，ほとんどの脊椎動物がもつ大きな遺伝子領域が細胞膜表面に発現している糖タンパク質で，クラスⅠとクラスⅡの2種類ある。クラスⅠ分子はすべての細胞に，クラスⅡ分子は後述する抗原提示細胞においてクラスⅠ分子と共に発現されている。個体はそれぞれ構造の似た何種類ものMHC分子の遺伝子情報をもち，さらに，それぞれ父親由来のMHC分子と母親由来のMHC分子が1組みずつあるので，それぞれの個体のMHC

はそれぞれの個体どうしで異なっている。

図2.26にMHCの概略図とX線結晶解析による立体構造図を示した。クラ

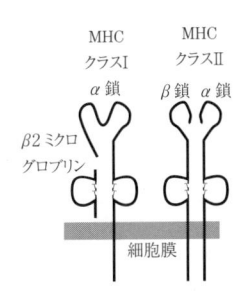

（a） MHC クラス I および II を構成するペプチド鎖の概略図

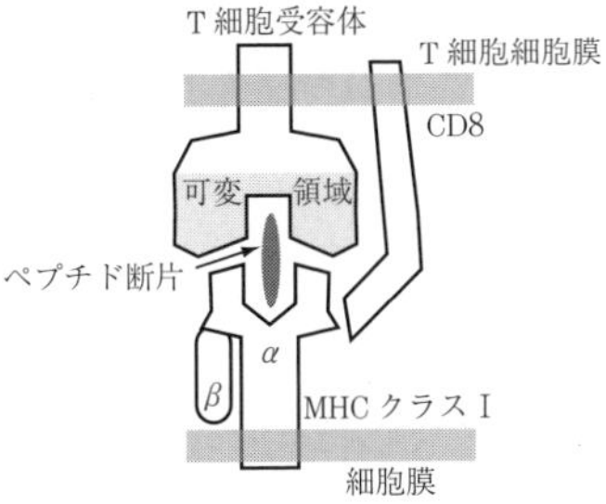

（b） MHC クラス I 分子と抗原ペプチド断片，およびそれを認識して結合した T 細胞の受容体の構造の概略図

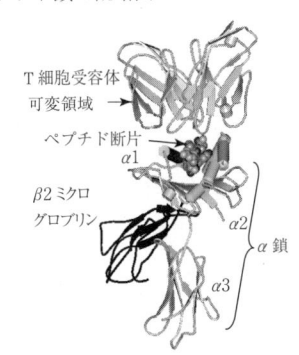

（c） MHC クラス I 分子の α 鎖（α1，α2 と α3 のドメインからなる灰色で示した部分），β2 ミクログロブリン（黒色）と抗原ペプチド断片（球モデルで示した。以下同様），およびそれを認識して結合した T 細胞の受容体の可変領域の構造の X 線結晶解析立体構造模型。PDB 番号：1NAM

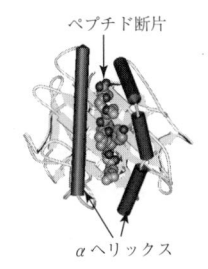

（d） MHC クラス I 分子の α 鎖の抗原ペプチド鎖結合領域を上部から見たものの X 線結晶解析立体構造模型。PDB 番号：2VAA。黒色の円筒は α ヘリックス部分でこれらに囲まれた溝の部分に抗原ペプチド断片が引き延ばされた形で結合している。

（e） MHC クラス II 分子と抗原ペプチド断片の X 線結晶解析立体構造模型。PDB 番号：1LDH。灰色が α 鎖，黒色が β 鎖

図 2.26　主要組織適合遺伝子複合体（MHC）の構造

スⅠ分子は図（a）に示すようにα鎖とβ2ミクログロブリンと呼ばれる2個のサブユニットからなり，クラスⅡ分子ではα鎖とβ鎖の2個のサブユニットから構成されている。クラスⅠ分子もクラスⅡ分子もその細胞内で分解されて生じた外来のペプチド断片を結合して細胞表面に露出（提示）する（図（b）〜（e））。クラスⅠ分子ではα鎖のα1，α2，α3の三つのドメイン中，α1，α2ドメイン上に2本の平行なヘリックスがあり，この2本のヘリックスの長い溝の内側にユビキチン–プロテアソーム系で加水分解されたペプチド断片が挟まれて，細胞表面に抗原として提示される（図（c）および（d））。クラスⅡ分子では，α鎖のαヘリックスとβ鎖のαヘリックスの間に形成された溝に，細菌などがエンドサイトーシスで細胞内に取り込まれ分解されて生じたペプチド断片が抗原ペプチドとして細胞外に提示される（図（e））。

2.7.3　自己と非自己の識別

　細菌は自己以外のDNAの侵入を防ぎ，排除するために制限酵素というシステムを備えているが，多細胞生物では自己を形成する多数の細胞のDNAを監視して他者を識別排除することは困難である。そこで遺伝子産物であるタンパク質を監視して，自己のDNAが生産したタンパク質以外のタンパク質や高分子物質（糖鎖など）を非自己として識別するシステム（自他認識システム）がつくられている。このシステムはきわめて複雑であり，詳細は文献[3]を参照されたい。

〔1〕　T細胞による自他認識

　すでに述べたように細胞内の不要になったタンパク質はユビキチン–プロテアソーム系で加水分解されてペプチドになるが，この細胞内のペプチドはMHCクラスⅠ分子と結合して細胞表面に運ばれ細胞外に抗原として提示される（図2.26（b），（c），（d））。T細胞は体内の細胞が自己のものであるか，または自己以外のものかをT細胞表面のT細胞受容体（TCR，T cell receptor）が，CD8タンパク質とともに標的細胞のMHCクラスⅠとそれに挟まれたタンパク質断片の抗原ペプチドで識別する（図（b））。TCRのMHC結合領域は

IgG の可変領域と同様な可変領域（図 (c)）をもち，細胞ごとに異なる配列をもつ．

T 細胞（キラー T 細胞）では，その成熟過程において，自己の細胞（自己の MHC 分子を発現する細胞および自己の抗原ペプチドを MHC 上で提示している細胞）を認識して攻撃するものは死滅する．したがって，成熟したキラー T 細胞は自己と異なる MHC 分子や，自己と異なる抗原ペプチドを結合している自己 MHC 分子をもつ細胞を非自己とみなして攻撃排除する．このため，自己細胞であるが，がん化したり，ウイルスが感染して自己と異なるタンパク質を発現した細胞は T 細胞と関連した免疫反応により排除される．

〔2〕 **マクロファージ・樹状細胞などによる自他認識**

一方，マクロファージや樹状細胞は積極的に細菌そのほかの異物を取り込み，これら細胞に特有な免疫プロテアソーム（通常のプロテアソームにない LMP-2 と LMP-7 と呼ばれるタンパク質を含み，切断箇所のアミノ酸配列も変化しておりタンパク質分解活性が高い）により分解したペプチド（抗原）を前述の MHC クラス II 分子と結合させて細胞表面に提示する（図 (e)）ので抗原提示細胞と呼ばれる．これらの細胞はキラー T 細胞には攻撃されず，T 細胞の一種であるヘルパー T 細胞を活性化させる．活性化したヘルパー T 細胞はキラー T 細胞や B 細胞，そのほかの免疫細胞を活性化して異物を攻撃する．これら免疫システムの自他識別の機構は，臓器移植の際の拒絶反応などにも関与しているので重要な問題である．

〔3〕 **B 細胞による自他認識**

上で述べたのは自己と非自己の認識は免疫細胞が自分の体内を構成する細胞に対するものであった．体外から侵入した非自己の遺伝子産物（タンパク質や糖質）や細菌，真菌，寄生虫などの他の生物細胞が直接侵入した場合，それらは表面に MHC 分子をもたないので T 細胞による自他の認識は行われない．このような非自己のものに直接触れて識別を行うのが前節で述べた抗体（免疫グロブリン）である．抗体は B 細胞の細胞表面にある抗原受容体が遊離して血液で運ばれ，全身の組織に存在するものと考えられる．B 細胞は前節に述べた

遺伝子再構成（体細胞変異）によりB細胞といわれる細胞群の個々の細胞は異なる免疫グロブリン遺伝子をもつ。

ある一つの抗原のもつ複数のエピトープに対してそれぞれを認識する抗体があり，同じエピトープに対しても抗体の抗原結合部位アミノ酸配列の違いによりさまざまな解離定数での抗原－抗体相互作用がありえる。一つの抗原に対して多種のB細胞が反応し，体内では多種の免疫グロブリンが生産され，これらの抗体（免疫グロブリン）の混合物をその抗原に対するポリクローナル抗体と呼び，個々のB細胞が生産するモノクローナル抗体と区別する。

B細胞が抗原受容体に適合する特異的な抗原と結合すると，その抗原を取り込み分解する。分解された抗原ペプチドは特異的なMHCクラスII分子（図（e））とともに細胞表面に現れるのでB細胞も抗原提示細胞である。この抗原提示により，その抗原と特異的に結合するT細胞を引き寄せ，これがB細胞を活性化する。活性化されたB細胞は特異的な抗体を大量に生産し血管やリンパ管を巡回し，抗原を除去するために活動する。

上記のように免疫反応ではさまざまな種類の免疫細胞が働くが，これらの細胞間の信号伝達に働くのが2.6.1項の細胞間情報伝達で述べたサイトカインで，免疫反応に働くサイトカインにはインターフェロン（IFN-α, β, およびγ），腫瘍壊死因子（TNF-αおよびβ），インターロイキン（IL-1からIL-18），トランスフォーミング成長因子，CSF（造血コロニー刺激因子）などである。

2.8 生 態 系

本章では個体の中での生命現象を概観した。多くの単細胞生物を除くと生物はそれを構成する個体が単独での生育が困難で，たがいに接触可能な範囲の中で個体群を形成する。生物はさらに他種の生物，およびとり巻く非生物的環境との影響下で一定の閉じた系をつくっている。このような系を生態系と呼び，これを扱う学問分野を生態学と呼ぶ。多細胞生物でも単一の細胞のみでは生育が困難で多くの場合細胞群を形成しており細胞生態系が存在する。

工学的に見れば，生態系とは生物群がそれぞれの個体どうしや周囲の環境と

のエネルギー，情報の交換を通じて動的平衡を保っている状態である。

　生態系というと地球規模での生物圏の問題と考えがちであるが，このような大きなスケールの生態系から，われわれの体にある細菌群（例えば，口の中の口腔細菌群や，腸内細菌群，皮膚上の細菌群）の生態系のような小さな生態系までさまざまなものがあり，その中の要素となる生物や環境の一部を変えただけで系の平衡がくずれるので注意しなければならない。例えば，8章で述べる絶滅危惧種の保存でも，対象となる生物のみの保護ですむことではなく生育する生態系の保全が重要となるし，農地，工場，道路などの整備の場合でも周囲の生態系を考慮が必要である。したがって，環境から健康・医療の分野などを扱う生命工学では生態系という考え方を絶えず意識しなければならない[10]。

引用・参考文献

1) 魚住武司：遺伝子工学概論（バイオテクノロジー教科書シリーズ2），コロナ社（1999）
2) 高橋秀夫：分子遺伝学概論（バイオテクノロジー教科書シリーズ5），コロナ社（1997）
3) 野本亀久雄：免疫学概論（バイオテクノロジー教科書シリーズ6），コロナ社（1992）
4) 田中渥夫：酵素工学概論（バイオテクノロジー教科書シリーズ8），コロナ社（1995）
5) 渡辺公綱・小島修一：蛋白質工学概論（バイオテクノロジー教科書シリーズ9），コロナ社（1995）
6) 喜多恵子：応用酵素学概論（バイオテクノロジー教科書シリーズ16），コロナ社（2009）
7) 瀬戸治男：天然物化学（バイオテクノロジー教科書シリーズ17），コロナ社（2006）
8) Voet, D., Voet, J .G. and Pratt, C. W. 著，田宮信雄・村松正実・八木達彦・遠藤斗志也 訳：ヴォート 基礎生化学 第2版，東京化学同人（2007），など
9) March, J. C. and Bentley, W. E.：Current Opinion in Biotechnology, 15, pp. 495～502（2004）
10) 大串隆之・近藤倫生・仲岡雅裕 編：生態系と群集をむすぶ（シリーズ群集生態学4），京都大学学術出版会（2008）

3 生命工学の基礎技術

生命工学でよく使われている基礎技術の概略を述べる。それぞれの技術の詳細は，本シリーズの他書に解説されているので，これらについては名称とその概要のみを記し，本書では最近発展した分野を解説する。

3.1 遺伝子・ゲノム分野

この分野については本シリーズの「遺伝子工学概論」[1]，「分子遺伝学概論」[2]，「蛋白質工学概論」[3] に詳述されているので，ここでは最近のゲノム解析の観点から述べる。

3.1.1 *in vitro* 遺伝子増幅技術

さまざまな遺伝子操作を行うには，遺伝子を含むDNA断片を大量に取得する必要がある。以前は，プラスミドに導入したDNA断片を細菌内で大量に複製させる方法が用いられていたが，以下に述べるPCR (polymerase chain reaction) 技術により，細胞外で (*in vitro*) DNA断片を大量に増幅させることが可能になった。その後，PCR法に代わるさまざまなDNA増幅法が多数開発され，RNA増幅法も開発されている。ここではPCR法と，わが国で開発されたLamp法とICAN法，また，RNA増幅法の代表例としてNASBA法の原理を簡単に紹介する。

〔1〕 PCR法（ポリメラーゼ連鎖反応技術）

PCRの原理は，高温での2本鎖DNAの1本鎖DNAへの解離と温度を下げてDNA合成開始に必要なプライマーとのアニーリングを経て，DNAポリメラーゼによるDNA鎖合成反応を行う反応を繰り返し行うことである。高温過程での酵素の失活を防ぐため好温細菌由来の耐熱性のDNAポリメラーゼを用い，全過程を連続して行えることが特徴である。反応過程は**図3.1**に示した。図中③および③cに示した2種のプライマーを末端とするDNA鎖が反応生成物で上記反応の1サイクルでDNAが2倍になるので，nサイクルでは2^n倍に増幅できる。

〔2〕 LAMP法

LAMP (loop-mediated isothermal amplification) 法は，栄研化学株式会社が開発した遺伝子増幅法である[4]。特徴は一部の2本鎖DNA鎖が一部解離する温度（65℃付近）のみの一定温度で行い，鎖置換型DNAポリメラーゼを使用すること，5′側に標的DNA自身と同一配列を連結したプライマーにより，鋳型DNAの3′末端部分にループ構造をつくらせ，自己アニーリングによる3′末端からの自己を鋳型とした合成反応が進行することである。さらに，形成されたループ構造にもプライマーがアニーリングで結合できるので，ここからもDNA合成が起こる。これにより反応は理論上半永久的に継続できる。増幅産物は標的遺伝子配列に由来する配列が相互に繰り返す構造である。

また，逆転写酵素を用いて1ステップでRNAからも増幅することが可能である。増幅効率が高いことからDNAを15分〜1時間で$10^9 \sim 10^{10}$倍に増幅することができる。また，特異性がきわめて高いため増幅産物の有無で目的とする標的遺伝子配列の有無を判定することができる。同一鎖上にたがいに相補的な配列を繰り返す構造の増幅産物がいろいろなサイズでできるため産物は電気泳動上で幅広いバンドを示すが，制限酵素によって消化した産物は一つのバンドに集約する。鋳型がRNAの場合でも，鎖置換型DNA合成酵素を逆転写酵素に換え，基質を変えることにより増幅が可能である。

原理は**図3.2**，**図3.3**で概略を説明するが，PCR法に比べるとわかりにくく

86　3．生命工学の基礎技術

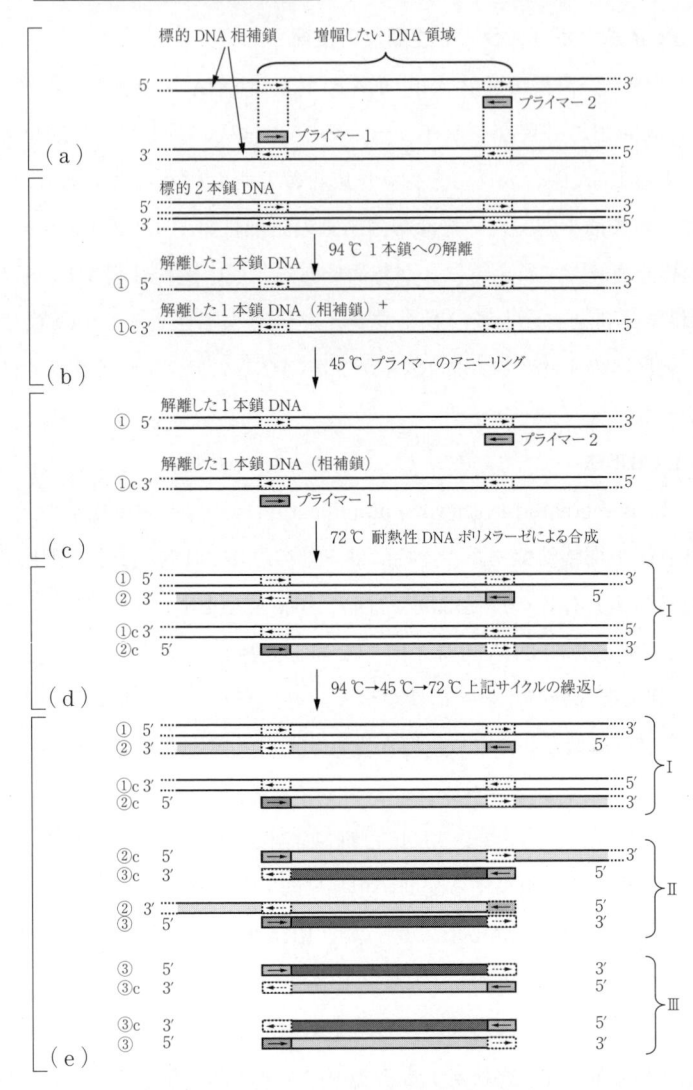

(a) プライマー1および2の設計。(b) DNA の解離。①は元の DNA 鎖，①c は①の相補鎖。(c) 1本鎖 DNA へのプライマーの結合。(d) DNA ポリメラーゼによる DNA 合成。②と②c は合成された DNA 鎖。(e) つぎのサイクルでの DNA 合成。Ⅰのセットは元の DNA 鎖に基づくもの，Ⅱのセットは最初の合成鎖からの最終生成物である③および③c が合成される。Ⅲのセットは最終生成物である③および③c の複製過程で，全体としてはⅢのセットが圧倒的に増加する．

図3.1　PCR 法の原理

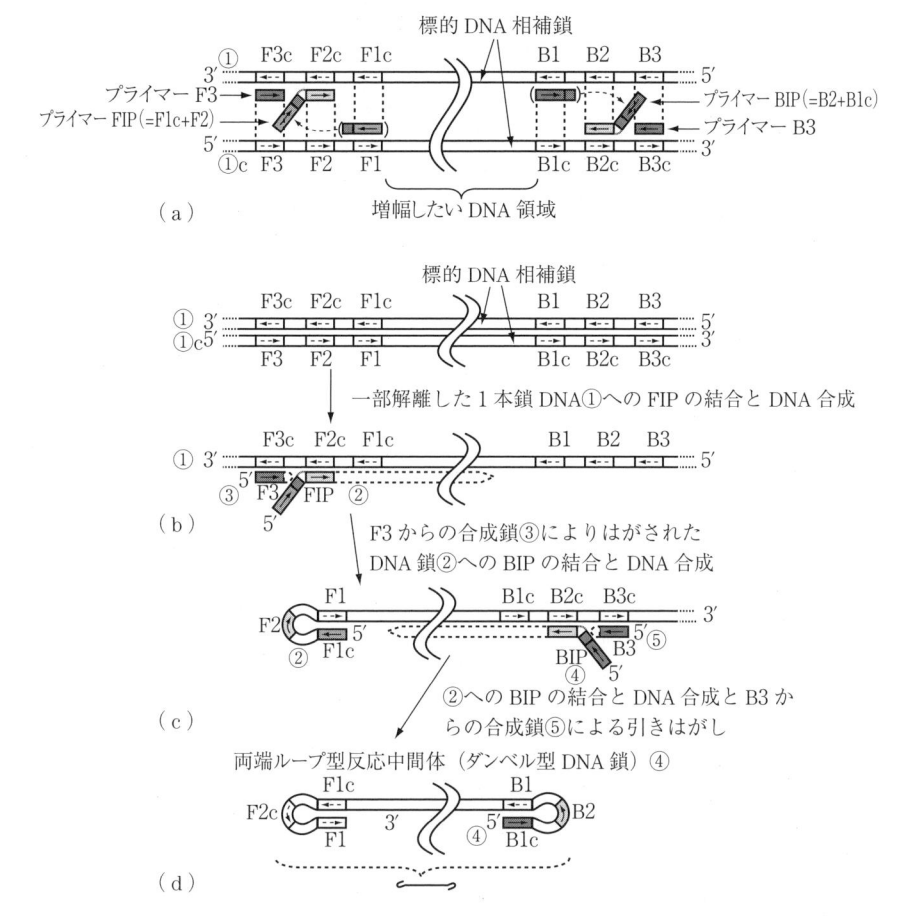

(a) プライマーの設計。プライマー FIP および BIP は増幅用反応中間体生成のためのプライマー，プライマー F3 および B3 はそれを 2 本鎖からはがすためのプライマーである。プライマー FIP は標的 DNA の F2c 領域の相補鎖に標的 DNA の F1 領域の相補鎖を結合させたものでプライマー F3 は標的 DNA の F3c 領域の相補鎖，また，BIP と B3 は FIP と F3 との相補的なプライマーである。(b) 標的 DNA (①と①c) へのプライマー F3 と FIP の結合と合成。標的 2 本鎖 DNA は 65 ℃では 1 本鎖と平衡状態にあり，1 本鎖 DNA (①) に FIP が結合し DNA 合成が進み DNA 鎖 (②) ができる。F3 からの合成鎖 (③) は②をはがしながら進行する。DNA 鎖①c についてもプライマー BIP と B3 により同様な反応が進行する。(c) DNA 鎖②に BIP が結合して反応が進み DNA 鎖④が作られ，プライマー B3 の反応により②からはがされる。(d) 両端に折り返しループ構造をもつ DNA 鎖④ (増幅開始用反応中間体) ができる (針金状の小さい模型で同じものを示す)。

図 3.2 LAMP 法の原理 (1) 増幅開始用反応中間体の生成

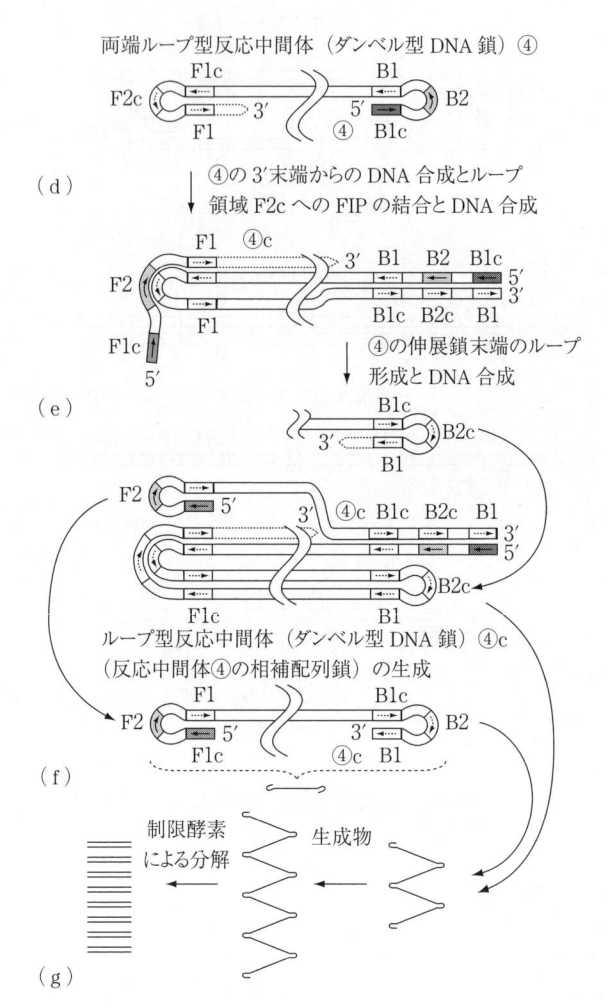

(d) 増幅用反応中間体④の3′末端からDNA合成が進む。(e) DNA鎖④のF2cにプライマーFIPが結合して新たな合成反応が進行し、④の3′末端が折り返し合成反応が進む。(f) ④にプライマーFIPが結合して合成されたDNA鎖は④の層補配列の反応中間体となる（針金状の小さい模型で示す）。(g) ④および④cの反応中間体は折り返した3′末端から合成反応が進み、反応中間体を直列に結合した形のさまざまな長さの生成物を生じる。また、F2cおよびB2c領域にはFIPおよびBIPが結合し反応中間体が生成され、全体として生成物が急増する。これらを適当な制限酵素で処理することにより最終生成物が得られる。

図3.3 LAMP法の原理 (2) 反応中間体からの増幅反応

複雑であるので，栄研化学のホームページ[4]などを参照してほしい。

〔3〕 **ICAN（アイキャン）法**

ICAN（isothermal and chimeric primer-initiated amplification of nucleic acids）法は，タカラバイオ株式会社が開発した定温遺伝子増幅法で，PCRと同等以上の感度でDNAを増幅する技術である[5]。

プライマーはDNA断片の3′-側にRNA結合させたDNA-RNAキメラヌクレオチド鎖である。鎖置換活性と鋳型交換活性をもつDNAポリメラーゼ（BcaBEST™ DNAポリメラーゼ，中等度好熱性細菌 *Bacillus cardotenax* YT-G株由来の酵素）とDNA-RNAハイブリッド部位を切断するリボヌクレアーゼ（RNaseH）を用い一定温度（50〜65℃）で反応させる。キメラプライマーが鋳型と結合したあと，DNAポリメラーゼにより相補鎖が合成される。その後，RNaseHがキメラプライマー由来のRNA部分を切断し，切断部分から鎖置換反応と鋳型交換反応を伴った伸長反応が起こる。この反応が繰り返し起こることにより遺伝子が増幅される。原理の概略を図3.4に示した。

〔4〕 **NASBA法**

NASBA（nucleic acid sequence based amplification）法は，ビオメリュー社が特許をもつRNAを鋳型にし転写反応を利用したRNA特異的な定温核酸増幅法である[6]。3種の酵素（AMV-逆転写酵素，RNase H，T7 RNA合成酵素）と標的に特異的なプライマーを使用し，41℃の等温工程のみで1本鎖RNAを増幅する。

AMV-逆転写酵素（AMV-RT）はトリ骨髄芽球症ウイルスから発見された逆転写酵素で，DNA，RNA，DNA/RNAハイブリッドをテンプレートとするDNAポリメラーゼである。反応にはプライマーが必要で，RNAプライマーよりもDNAプライマーが効果的である。RNase HはDNA/RNAハイブリッド2本鎖中のRNA鎖のみを加水分解し，1本鎖DNAを生じるリボヌクレアーゼである。T7 RNA合成酵素はT7プロモーター配列を含む2本鎖DNAを鋳型としてプロモーターに引き続いて鋳型DNAに相補的な1本鎖RNAを合成する酵素で，T7プロモーター配列に高い特異性を示し，他の生物由来のプロモーター

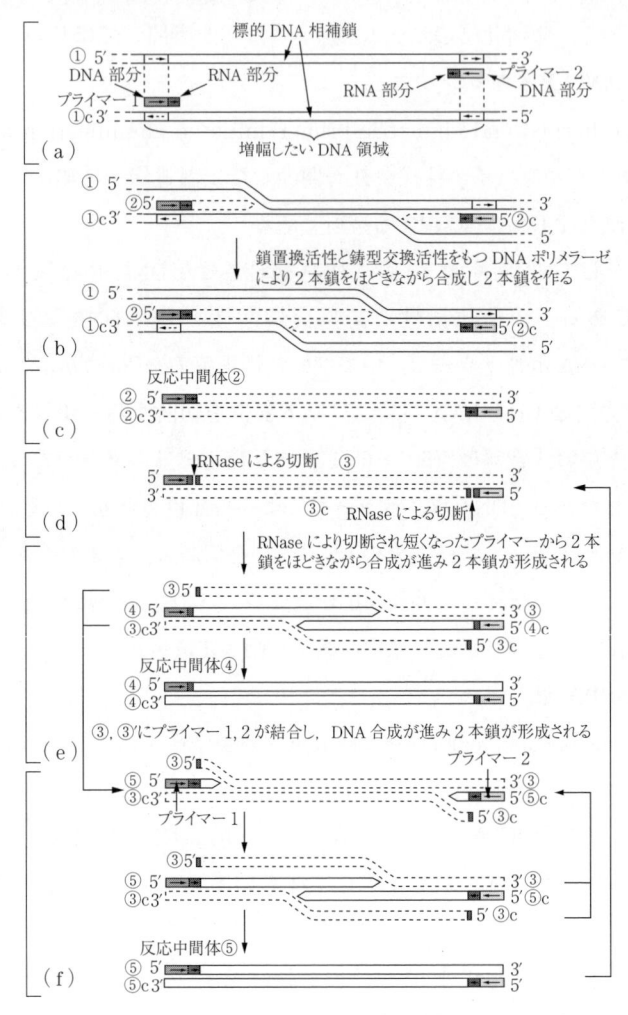

(a) プライマーの設計。プライマー1および2は標的DNA鎖の領域と相補的なDNA鎖の3′-側にRNA鎖を結合させたDNA-RNAキメラヌクレオチド鎖である．①および①cは標的DNA鎖。(b) DNAポリメラーゼにより標的DNA2本鎖をほどきながらプライマーから伸展した相補鎖が合成され2本鎖を形成する．②および②cはプライマーからの伸長鎖。(c) 合成された2本鎖DNA②，②c。(d) RNaseHが②および②cのキメラプライマー由来のRNA部分を切断する。(e) プライマーの切断部分から鎖置換反応と鋳型交換反応を伴った伸長反応が起こり，④および④cの2本鎖DNAができる。(f) はがされた③および③cにプライマーが結合し伸長反応が起こり，2本鎖DNA⑤，⑤cが作られステップdに進み，はがされたDNA鎖③，③cには再びプライマーが結合し反応が進行する．

図 3.4 ICAN法の原理

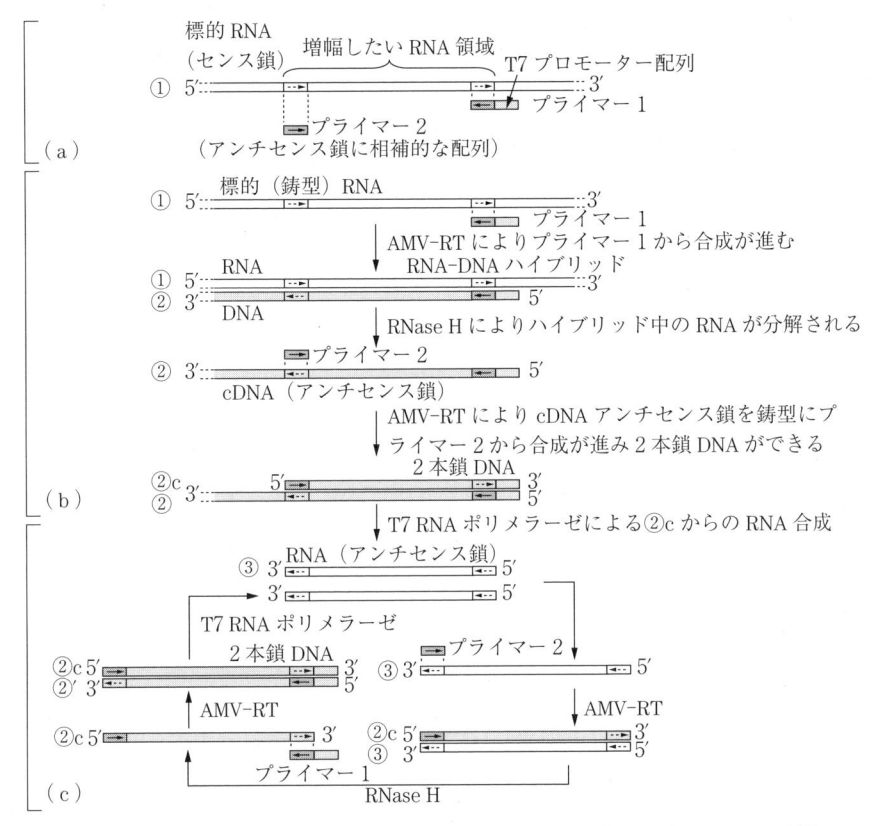

(a) プライマーの設計．プライマー1は標的 RNA（センス鎖）に相補的な DNA 断片の 5′ 側に T7 ファージの RNA ポリメラーゼのプロモーター配列を結合させたもの．プライマー2 は標的 DNA（センス鎖）の1部領域の配列と同一な DNA 断片でプライマー1により生じたアンチセンス鎖 DNA に結合する．（b）標的 RNA（センス鎖）にプライマー1が結合し AMV-RT によりアンチセンス cDNA が合成され RNA-DNA ハイブリッドができるが，このハイブリッド中の RNA は RNaseH により分解される．アンチセンス cDNA にプライマー2 が結合し AMV-RT によりプロモーター配列のプロモーターを含む2本鎖 DNA が作られる．このプロモーターを認識して T7 RNA ポリメラーゼがアンチセンス1本鎖 RNA をプライマー2 を含む領域まで合成する．1本鎖 RNA は RNaseH の基質にならず分解されない．（c）アンチセンス RNA の 3′ 末端にプライマー2が結合し，AMV-RT により RNA-DNA ハイブリッドが合成され RNase H による RNA の分解が行われ，プライマー1が結合して2本鎖 DNA が合成され T7 プロモーター配列をもつ DNA 鎖が増加し，T7 RNA ポリメラーゼが働くのでアンチセンス1本鎖 RNA が増幅生産される．①は標的 RNA（センス鎖，＋鎖）；②および② c は AMV-RT により合成された DNA 鎖；③は T7RNA ポリメラーゼにより② c を鋳型にして合成された RNA 鎖

図 3.5　NASBA 法の原理

を認識しない。NASBA 法の原理を**図 3.5** に示した。

3.1.2 ゲノム DNA の抽出と配列の解析

まず，生物の細胞を SDS, NaCl, EDTA などを含む緩衝液でなるべく穏和に破壊し，proteinase K でタンパク質を，また RNase で RNA を分解し，フェノール，クロロホルムで糖，脂質などを除去し，ゲノム DNA を抽出する。この DNA を制限酵素や超音波で適当な長さに断片化し，クローニングベクター（DNA 断片を細胞内に導入・増幅・維持するための媒体となる核酸分子をベクターと呼び，使用する目的や核酸分子の由来によりさまざまなものがある）に挿入する。これを用いて大腸菌や酵母細胞を形質転換して増殖可能にしたクローンのセットをゲノム DNA ライブラリーという。細菌人工染色体（BAC, F プラスミドの複製分配に関与する遺伝子を組み込んだ大腸菌プラスミドベクターで細胞当り 1 分子が安定に保持され，100～200 kb の長さのインサート DNA がクローン化できる）クローンなどがつくられ，ゲノム構造解析の基礎となる。

クローン化された DNA を増やし，DNA シークエンサーを使って塩基配列を解読し，得られた配列どうしをつなぎあわせ（アラインメント），ゲノム DNA 全体の塩基配列を完成させる。

詳細は本シリーズの「遺伝子工学概論」[1]，「分子遺伝学概論」[2] などを参照されたい。

最近の傾向としてゲノム解析の進展に伴い塩基配列解析の自動機器が著しく進歩し，長い配列を短時間に解析することが可能になった。このため DNA の抽出，塩基配列の決定と配列データベースとの照合解析，DNA，および RNA の合成などは各研究室で行うことは少なく，委託して行うことが普通となった。

3.1.3 マイクロアレイ技術

マイクロアレイ（microarray）[7,8] は多数（通常 1 000 個以上）のプローブを

ガラスや，プラスチック，シリコンの基板に整列させて固定化し，各プローブと結合する検体を蛍光などにより検出，解析する技術を指す．検体を蛍光や色素で標識せずに表面プラズモン共鳴（SPR，3.1.6項参照）で結合を検出する方法もとられている．これにより大量の検体の迅速な1次スクリーニングが可能となる．半導体集積回路用の光リソグラフィー法を応用して基盤上でDNAを合成することにより製作された高密度オリゴDNAマイクロアレイのことを半導体チップになぞらえてDNAチップ（Affimetrix社のGene chipなど）と呼ぶことがあり，現在ではこのような方法でつくられたマイクロアレイの同義語としてチップという名称が使われている．マイクロアレイは多種のプローブに反応する検体を大量処理することが可能で，コンピュータを用いて解析できるため，個別化医療やバイオインフォマティクスによる解析に適している．

マイクロアレイはDNAをプローブとするものが最初につくられたため，DNAマイクロアレイ（DNAチップ）と呼ばれるものが多いが，最近はさまざまなものがつくられており，現在以下のものが実用化，あるいは実用化されつつある．少ない数（数百個以下）のプローブを整列配置したものをマクロアレイ（macroarray）と呼ぶこともある．ここではマイクロアレイを中心に，他のアレイシステムにも触れることとする．

〔1〕 **DNAマイクロアレイ（DNAチップ）**

DNAの部分配列を高密度に配置し，それらに相同性のあるDNAやRNAを検出・定量する方法であり，数万～数十万の遺伝子発現を一度に調べることが可能である．cDNA断片を用いるものが多く，コンピュータ上で遺伝子の特異的な配列をデザインした25～60 ntのオリゴヌクレオチドを用いるものもある．

〔2〕 **タンパク質マイクロアレイ（プロテインアレイ，プロテイン（タンパク質）チップ）**

タンパク質マイクロアレイは目的により大きく二つのタイプに分かれる．

① **タンパク質検出用アレイ（タンパク質検出プロテインチップ）**　これは基板上に，各タンパクを認識して結合するリガンド（捕捉分子）のアレイを

つくっておき，結合したタンパク質を検出して求めるタンパク質の量的変化を直接評価するものである。リガンドとして最も可能性の高いものはモノクローナル抗体であるが，網羅的解析をするには多種の抗体が必要である。これは抗体マイクロアレイとも呼ばれる。核酸やタンパク質の一部の配列をランダムに変化させて，特定の分子に結合するものを選択して得られるアプタマーは抗体よりも効率がよい。特に DNA や RNA アプタマーの場合は PCR と結合検出とを組み合わせて効率よく高速で検出することが可能である。しかし，それ自身が負荷電を有しているのでタンパク質の表面荷電の影響を受けやすい。タンパク質アプタマーとしては，チオレドキシンを基にしたものがある。チオレドキシンは分子が小さく安定であり，ループ部分に配列を種々変化させても全体の構造に影響を及ぼさない領域が存在することが知られており，この部分をアプタマーとして利用できる。タンパク質との結合力が高いペプチドリガンドも使える可能性がある。今後，実用的な性能を有するリガンドを多種類確保することが課題である。

　この方法ではアレイ上の抗体に捕捉(そく)されたタンパク質の検出にも抗体を用いる（サンドイッチ分析）ために2種類の高親和性かつ高特異性をもつ抗体が必要とされる。この問題を回避するために逆相タンパク質マイクロアレイ分析（RPMA）という技術が開発された。これは従来の複数のリガンド（多くは抗体）が一つのアレイに結合され，1種類の検体とインキュベートして検出する順相マイクロアレイとは逆に，一つのアレイ上に，多くの検体をスポットし，リガンドで検出する技術である。

　② **タンパク質機能解析アレイ（機能解析用プロテインチップ）**　これはタンパク質間相互作用，タンパク質と核酸，タンパクと低分子化合物などとの相互作用，あるいは酵素活性などを直接評価するためのアレイである。このアレイの製作には非常に多種類のタンパクを同一基板上に固定化する必要がある。

〔3〕　ペプチドアレイ

　ペプチドアレイは酵素の基質探しやインヒビターの探索などに用いられる。

ペプチドは基質や阻害剤，抗体エピトープのほかにも，サイトカインやホルモンなど，種々の生理活性ペプチドも知られており，これらに対するペプチドアレイの利用も可能であると考えられる．

① **エピトープアレイ**　ペプチドアレイは種々のタンパクの各部分を提示していると見ることができるので，ある抗体が認識するエピトープを探索したり，特定のタンパクに結合する抗体をスクリーニングすると同時にそれが認識するエピトープ配列を明らかにしたりできる．

② **プロテインキナーゼ基質アレイ**　ペプチドが機能を発揮する例としては，酵素基質ペプチドがある．一般に種々の細胞内シグナル酵素は，標的となる基質タンパクの特定部分の配列を認識して反応するので，その部分のペプチド配列を抜き出しても，ある程度の反応性と特異性を得ることができる．そこで，種々のペプチドをアレイ化すれば，特定の酵素の基質をスクリーニングできる．

③ **プロテアーゼ阻害剤アレイ**　プロテアーゼは，プロテインキナーゼと並んで細胞内外での生理作用や多くの病態で重要な酵素活性である．ただし，前述のプロテインキナーゼでは，どの基質配列でも共通のリン酸基が付加するから，その後抗体などでの検出が可能であるが，プロテアーゼでは，特定の配列が切断されるので，これを共通の普遍的な手法で検出することは容易ではなく，特別なアプローチが必要である．そこで，標的プロテアーゼの阻害剤をスクリーニングする目的のアレイが報告されている．

④ **加水分解酵素基質アレイ**　基質切断を検出するシステムに関しても，最近の報告がある．このシステムでは，基質が切断されると蛍光が増大するように分子を設計している．

〔4〕**組織・細胞・タンパク質ライセートマイクロアレイ**

組織や細胞をさまざまな方法で溶解したものをライセートと呼ぶ．濃度および時間別に組織・細胞ライセート（薬剤やホルモンで処理したものと未処理のもの）をスポットしたマイクロアレイを用い，ターゲットタンパク質のレベルの変化を検出するために開発されたものである．広義のタンパク質マイクロア

レイに含まれ，逆相ライセートタンパク質マイクロアレイとも呼ばれる。細胞や組織内のさまざまなタンパク質の発現だけではなく，リン酸化分子特異的抗体を用いて検出することにより，タンパク質のリン酸化状態（活性化状態にあるタンパク質）も検出可能で，個々の症例のがん組織でシグナル伝達分子のリン酸化状態を網羅したデータを調べることにより，それぞれの病態に適した分子標的の同定などが行える。

〔5〕 **糖鎖マイクロアレイ（糖鎖アレイ，糖鎖チップ，シュガーチップ）**

構造の明確な多種類の糖鎖をアレイ状に配置したもので，レクチンや糖結合対象物（ウイルスやタンパク質など）の検索や特異性の解明などに用いられる。解析対象と糖鎖との結合を測定するには，2次抗体や標識した解析対象物を使用する。

〔6〕 **化合物マイクロアレイ（低分子マイクロアレイ）**

多種の低分子化合物を基盤上に整列固定化し，それに結合するタンパク質などを検出するもので，疾患の原因など興味のあるタンパク質に対するリガンド（低分子化合物）のスクリーニング手法に用いられ，医薬品などの開発ツールとして期待されている。

〔7〕 **細胞マイクロアレイ（セルマイクロアレイ）**

多数の細胞を基板上に整列培養し，特定の反応を示すものを検出するする方法である。発現ベクターに挿入した状態のcDNAクローンをスライドガラス上にスポットし，そのうえで細胞を増殖させ，アレイされた遺伝子を導入することによって，外来遺伝子が発現した状態の細胞アレイを作成したものもある。受容体の発現クローニングや低分子アゴニスト，アンタゴニストのハイスループットスクリーニングを効率的に行える可能性がある。

〔8〕 **組織マイクロアレイ（ティッシュマイクロアレイ）**

微小な組織検体を系統的に多数（数十〜数百スポット）整列固定化し，集積度の高い組織標本を作製し薄切，染色，検鏡などの免疫組織化学検査を効率的に行う方法である。*in situ* ハイブリダイゼーションにより，がんマーカーなどのタンパク質，mRNAの観察や解析を行うものもある。

3.1.4 遺伝子多型の解析技術

〔1〕 遺伝子多型

われわれの姿形が千差万別であるように，塩基配列を個人間で比較すると，その配列はかなり異なっている。この遺伝子を構成している DNA の配列の個体差を遺伝子多型（polymorphism，単に多型ともいう）[9]と呼び，集団の 1％以上の頻度であるものと定義されることが多い。遺伝子多型にはつぎのようなものがある。

① **一塩基多型（single nucleotide polymorphism，SNP）** 1 個の塩基がほかの塩基と置き換わっているもので，1 000 塩基に 1 箇所程度の割合で存在していると推察される。ヒトゲノム中には 300 万～1 000 万の SNP があることになる。複数形の SNPs（スニップスと発音）が用いられることも多い。得られた SNP を用いて診断や解析を行う場合，特定の SNP がどんな塩基になっているか（SNP のタイプ）を知る必要があり，これを SNP タイピングという。

② **挿入/欠失多型** 1～数十塩基（まれに数千塩基）の欠失や挿入がある場合である。

③ **コピー数多型（copy number variation，CNV）** 2～数十塩基の単位配列の反復がある部位で，その反復回数が個人間で異なるもののうち，反復単位が数～数十塩基のものを VNTR（variable number of tandem repeat，ミニサテライト，minisatellite），反復単位が 2～4 塩基の場合をマイクロサテライト多型（microsatellite，STR，short tandem repeat）と呼ぶ。

④ **ミトコンドリア DNA 多型** ミトコンドリアの DNA の個人差（多型）が，アルツハイマー病，糖尿病，心臓病など，さまざまな病気へのかかりやすさと関係しているのではないかとも考えられている。

〔2〕 ハプロタイプ

ハプロタイプ（haplotype，多型情報）とは，もともと半数体の遺伝子型である haploid genotype の略であるが，現在多く使われている意味としては，同一染色体上で相互に比較的に近隣に存在する遺伝子や遺伝的に連鎖している多

型(SNPsなど)の組合せを指す.このような遺伝子の組合せの情報により,疾患の発生に関与している遺伝的要因を調べることが可能である.疾患の発症や,用いる薬剤の効果や副作用などの薬剤応答性の個人差を調べて個別化医療(テイラーメード医療)に役立てられる.また,一般的な多型の大部分は過去の一つの突然変異から派生しており,この突然変異が発生した祖先の染色体上にある近傍の多型と関連してハプロタイプが親から子へ引き継がれるので,ハプロタイプは家系や民族などの系統関係を調べるためにも有用である.女系(母系)のハプロタイプを調査するにはミトコンドリアDNA(受精卵には精子のミトコンドリアが入らない)のハプロタイプを用い,男系(父系)のハロタイプ調査はY染色体のハプロタイプを用いる.ハプロタイプを大きくまとめたものをハプログループと呼び,ある生物の遺伝的集団を調査する場合に用いられる.ハプロタイプの解析はヒトのみならず,さまざまな野生生物の系統関係を調べるにも有用である.

ハプロタイプがヒトゲノム上のどの領域に存在し,どのように解析をすればよいか示すものをハプロタイプ地図と呼ぶ.ヒトゲノムのハプロタイプ地図(そのデータベース)は「ハップマップ(HapMap)」と呼ばれ,国際ハプロタイプ地図作成プロジェクト(国際ハップマップ計画)が,国際ハップマップコンソーシアムを中心に進められている[10].ハプロタイプ地図自体は公開データとされ,これらに関する特許は取得できないが,それらを用いて行った研究の成果は特許を取得できる.

〔3〕 解析技術

遺伝子多型の解析には以下に概略を述べるさまざまな技術があり,さらにハプロタイプ地図の作成にはコンピュータによるさまざまな統計的な解析(尤度原理,正規混合分布,罰則付尤度,ベイズ規則,ロバスト,など)が用いられる.

SNPの検出には制限酵素断片長多型法(RFLP法),一塩基伸長法,TaqMan PCR法,Invader法(インベーダー法),Pyrosequencing法(パイロシークエンシング法),Exonuclease cycling assay法などさまざまな方法が用いられて

きたが，3.1.2項で述べたように塩基配列解析装置の進歩により，多数の長い塩基配列を短時間に解析することが可能となったため，現在では，関係する領域の塩基配列をそのまま解読し，コンピュータで解析を行う方法がとられるようになってきた．紙数の関係で詳細は省略する．

3.1.5 遺伝子発現解析

2章で述べたように，ゲノムの遺伝子配列解析が進み，現在はゲノムに含まれる遺伝子情報が生体中でどのように発現されているかを調べ，また，それを医療や医薬に生かすための開発が行われている．トランスクリプトーム解析（トランスクリプトミクス），プロテオーム解析（プロテオミクス），メタボローム解析（メタボロミクス）などのオミックス研究が盛んとなり，さまざまな分析装置が開発されてきた．このような解析では大量の試料を解析するため，コンピュータ処理が欠かせない技術となり，後述するバイオインフォマティクスとして発展している．

前述したマイクロアレイはさまざまな段階での遺伝子発現を大量に観察し処理するためにコンピュータと組み合わせて用いられている．本項では，それ以外にコンピュータ処理にかけるべき遺伝子産物分析に使われる装置の主たるものを紹介する．

〔1〕 2次元電気泳動

2次元電気泳動（2D電気泳動）は発現したタンパク質の全体像を解析するための装置で，2段階の電気泳動によりタンパク質を2次元に分離する．1次元目は細長いポリアクリルアミドゲルを用いて等電点電気泳動によりタンパク質を分離，2次元目はこれを四角のゲル中に置きSDS電気泳動により分子量で分離するのが一般的である．分離能が非常に高く，細胞全タンパク質を数千以上のスポットに分離することが可能である．等電点と分子サイズの両方が一致しているタンパク質はほとんどないと考えられ，この手法で分離されたタンパク質は完全に単一な状態にまで分離されていると考えられる．スポットの検出は銀染色や蛍光染色が用いられ，蛍光染色では検出のダイナミックレンジが

広く画像解析に適している。サンプルの中にはおおよそ5オーダ（1:100 000）の量の違いがあるので，複数回の測定を行う。また，3波長の蛍光色素を用い，その一つに内部標準サンプルを用いると定量的な比較検討により，プロテオームの発現・翻訳量の増減を比較・評価できる。さらに，2次元電気泳動後，分離された各タンパク質をゲルから取り出し，後述する質量分析装置により一つずつ同定し，例えば，コントロールと患者サンプルとの違いを定量評価し，バイオマーカーの候補の探索へと進む。

〔2〕 マトリックス支援レーザー脱離方式イオン化 – 飛行時間型質量分析装置

飛行時間型質量分析装置（TOF-MS, time of flight-mass spectrometry）はイオン化した試料を高電圧の電極間で加速し，高真空無電場領域の管中へ導入して等速度飛行させ，一定距離を飛行するのに要する時間を測定して質量を算出する高分子の分析に適した質量分析計である。生体関連物質をほとんど分解しないソフトな条件でイオン化するために，分析試料にマトリックス（レーザー光を吸収する化合物）を混合し，数ナノ秒という短時間のレーザー光を照射して試料をイオン化するマトリックス支援レーザー脱離方式を組み合わせたのが，マトリックス支援レーザー脱離方式イオン化 – 飛行時間型質量分析装置（MALDI-TOF-MS, matrix assisted laser desorption ionization-time of flight-mass spectrometry）である。これによりタンパク質や糖質，オリゴヌクレオチド，脂質など広範な生体関連物質の質量分析が可能となった。さらに質量分析装置を直列につないだタンデムマス（MS/MS）での分析により，タンパク質を消化したペプチド混合物のアミノ酸配列を分析してタンパク質の同定が可能となり，前述の2次元電気泳動などの手段で得られたタンパク質・ペプチド試料や代謝物の同定に用いられプロテオーム解析，メタボローム解析の重要な手法の一つである。

〔3〕 キャピラリー電気泳動 – 質量分析装置

フューズドシリカ製の中空キャピラリー（内径 20 ～ 100 μm，長さ 10 ～ 100 cm）を用いてキャピラリーの片端に極微量の試料を加えて，両端に電圧

(−30〜+30 kV) をかけて行う電気泳動装置である。かなり高電圧だが，キャピラリー断面積が小さいので電流量はμAレベルと少なく，発生するジュール熱が小さく放熱も容易で対流による試料の拡散を抑え，自由泳動による良好な分離が行える。キャピラリー電気泳動技術はDNAシークエンサーにも用いられている。

曽我らは，細胞内代謝物質の多くがカルボキシル基，リン酸基，アミノ基などの極性官能基をもつことから，細胞内の陽および陰イオン性代謝物質の高感度な網羅的測定を行うためのキャピラリー電気泳動−質量分析装置（CE-MS）を用いる測定法を開発した[11),12)]。彼らは細胞から抽出した代謝物質を内径が50 μm，長さが1 mのキャピラリーに注入し，数万ボルトの高電圧を両端の電極に加え自由電気泳動させ，末端に質量分析装置（MS）を接続して分析した。代謝物質が固有にもつ質量数により細胞中の代謝物質を網羅的に検出できる。この装置はメタボローム解析に有用である。

3.1.6　分子間相互作用の解析（タンパク質間相互作用を中心に）

前項ではRNA，タンパク質，代謝物をまとめて解析する装置を主として紹介したが，これらさまざまな生体物質間の相互作用の解析も生命現象を明らかにするには重要であり，さまざまな測定法が開発されている。生命現象の中でも触媒，信号伝達，生体防御などの重要な現象は主としてタンパク質が担っているので，本項ではタンパク質間相互作用を中心におもな解析法の概略を述べる。

解析の原理は物質の大きさ，重量の変化に伴う物性変化，相互作用に伴う溶解度（沈殿）などの物性変化，相互作用する物質間の距離の遠近に伴う物性変化，相互作用による生物活性の変化を測定するものなどである。

〔1〕　表面プラズモン共鳴測定装置

プラズモン（電子波，plasmon）とは金属中の自由電子が集団的に振動することを指し，誘電体に接触した金属表面では表面プラズモンが発生する。また，金属薄膜の裏面に照射光を全反射させると，同時に金属膜側に微弱なエネ

ルギー波(エバネッセント波)を生じ,両者の波数が一致したときに共鳴して反射光が減衰する現象,表面プラズモン共鳴(SPR)を生じる。誘電率(屈折率の2乗)はエバネッセント波に影響し,表面で引き起こされる物質間の相互作用は誘電率に差異を生じる。これを利用して金属表面での物質の結合状態を測定するのが表面プラズモン共鳴測定装置である。

これを利用した商品にはBiacoreシステムがある。このシステムでは偏光を全反射の条件下でセンサー表面のガラス(屈折率の高い物質)と緩衝液(屈折率の低い物質)との界面に存在する金膜に照射すると表面プラズモン共鳴現象を生じ,反射光の一部の強度が減衰する。この反射光が最小となる角度(SPRアングル)がセンサー表面の反対側の金膜近傍の溶液の屈折率に相関するという性質を利用して測定を行う。表面プラズモン共鳴センサーは光学的検出法であるが,測定光は試料を透過しないので試料が乳濁あるいは着色していても測定結果に影響を及ぼさない。センサー表面における分子の結合または解離によるSPRアングルの変化は結合分子の質量変化に比例しており,その変化を記録することにより認識,結合,解離など分子間の相互作用や,相互作用の特異性,アフィニティー,速度論,目的分子の濃度を知ることができる。

〔2〕 水晶発振子マイクロバランス法

水晶発振子マイクロバランス法(QCM)とは水晶板の両側に金電極を蒸着した水晶発振子が基板上に吸着した質量に比例して共鳴振動数が減少することを利用した測定法で基板上にホストとなる分子を固定化し,ゲスト分子の結合を時間変化でナノグラムレベルの高感度で追跡し,振動数変化から結合量を,また,経時変化より結合速度と解離速度を測定する。

〔3〕 立体構造解析

X線回折やNMRなどを利用してタンパク質と他の物質との複合体の具体的な構造を明らかにすることができる。立体構造解析については3.2節で述べる。

〔4〕 蛍光を用いた測定法

① 蛍光相関分光(FCS)　　FCSは数nM濃度の蛍光標識した分子溶液の

約1μm四方という微小領域に共焦点レーザーを用いて照射し，その領域を出入りする分子のブラウン運動を蛍光シグナルの揺らぎとして検出し，得られた蛍光シグナルを自己相関解析することによって，分子の大きさ，濃度，蛍光の明るさなどを計測する技術で生体内に近い溶液中の分子間相互作用解析が可能である。

② **蛍光共鳴エネルギー移動（FRET）** FRETは近接した2個の蛍光色素標識分子の間で励起エネルギーが，電磁波にならず電子の共鳴により直接移動する現象で，FRETの強度が両分子間距離の6乗の関数として距離とともに急速に減少することを利用し分子間相互作用を検出する。一方の分子の色素を励起し，その蛍光波長と重なる励起波長をもつ他方の分子の色素の蛍光を測定する。

③ **蛍光偏光** 蛍光色素を平面偏光で励起した際，励起を受けてから蛍光を発するまで時間差があり，この間に色素が不動の場合は同じ偏光面の蛍光を発する。小さい分子が蛍光標識されている場合，ブラウン運動により分子が回転し励起平面と異なる平面へ蛍光を発して蛍光偏光が解消される。この現象を蛍光偏光解消と呼ぶ。標識された小分子が大分子に結合した場合，分子量の増加で回転が遅くなり蛍光の偏光度が小さくなることを利用して相互作用を測定する。蛍光偏光イムノアッセイとしてよく利用されている。

〔5〕 ツーハイブリッド法

最初に酵母を用いて開発されたので，しばしば酵母ツーハイブリッド（two-hybrid）法（Y2H），酵母ツーハイブリッドスクリーニング法などと呼ばれる。多くの真核生物の転写因子において，転写活性化ドメインとDNA結合ドメイン（UASGと呼ばれる塩基配列に結合する）とが直接結合せず，近傍にあることで機能するため，これらのドメインを2個のフラグメントに分け，これらが間接的に結合すれば機能を発揮する現象を利用した測定法である。DNA結合ドメインと任意のタンパク質Aを融合タンパク質として発現させ，同時に同じ細胞内で転写活性化ドメインとタンパク質Bを融合タンパク質として発現させる。AとBとが相互作用しないならDNA結合ドメインと転写活性化ドメ

インは近接せず，AとBとが相互作用をすれば，二つのドメインが近接するのでUASGを上流にもつレポーター遺伝子を酵母細胞に導入しておけばその発現量が上昇することによって，A, Bの相互作用の有無を調べることができる。多数の試料をプレート上のコロニーの有無で検定できるので，ある生物種におけるある一群のタンパク質をAとし，発現ライブラリーをスクリーニングしてタンパク質間相互作用のネットワークを調査することが可能である。これには，培養細胞や大腸菌を用いた系，one-hybrid 法，three-hybrid 法など類似の方法がある。

〔6〕 ファージディスプレイ法

ファージディスプレイ法はM13などの繊維状ファージのコートタンパク質（g3pなど）のN末端側にファージの感染能を失わないように外来遺伝子を融合タンパク質として発現させ，標的との結合を指標として相互作用を検出する方法である。

〔7〕 ファーウェスタン法

一方のタンパク質をSDS-電気泳動で展開し，それを膜に転写後，もう一方のタンパク質溶液を塗布し，それらの相互作用を抗体を利用して目的のタンパク質を検出するウェスタンブロッティング法（電気泳動後のゲルからタンパク質を電気的にニトロセルロース膜などに移動・固定化してブロット（膜）を作製し，ブロットに目的タンパク質に対する抗体を反応させて検出する方法）で解析する。還元剤や変性剤（SDSなど）による立体構造の変化を防ぐために，ネイティブポリアクリルアミドゲル電気泳動（native PAGE）で行われることもある。

〔8〕 共免疫沈降法

可溶性の抗原と抗体が特異的に反応して不溶化し沈殿する反応が免疫沈降反応である。この反応を利用し目的のタンパク質と特異的に相互作用する別のタンパク質との複合体を回収する方法を共免疫沈降法（Co-IP）と呼ぶ。相互作用を確認する相手を，ウェスタンブロッティング法などで検出する。

〔9〕 プルダウンアッセイ法

特異的結合するタグを結合させたタンパク質をタグに特異的なリガンドを付けた担体に結合させ，このタンパク質と相互作用するタンパク質との複合体で回収する方法である．タグ/リガンドとしての組合せはHisタグ（タンパク質に結合させる6個程度の連続したヒスチジン残基のタグ）/ニッケルキレート，GST（glutathione S-transferase）タグ/グルタチオン，アビジン/ビオチンなどが用いられる．

〔10〕 タンパク質間架橋法・クロスリンカー法

相互作用するタンパク質とタンパク質との間を両端にタンパク質との反応性の官能基を有する低分子の架橋剤（クロスリンカー）で結合・固定化させる方法である．細胞内では疎水性クロスリンカー，細胞表面上やライセート（細胞溶解液）中では水溶性クロスリンカーが使用される．両端ともアミン反応性のNHS-ester基あるいは光反応性のDiazirine基のものや，それぞれ異なる官能基を末端にもつヘテロ2官能基クロスリンカー，また，スペーサー部分にジスルフィド結合をもち架橋後に還元剤で開裂してそれぞれのタンパク質を同定することができるクロスリンカーなどが開発されている．

3.1.7 遺伝子改変動物

生理現象や疾患の原因遺伝子を探るためには遺伝子を改変させた実験動物を用いることが多い．外部から特定の遺伝子を導入したものをトランスジェニック（遺伝子導入）動物，特定の遺伝子を破壊欠失させて作成した動物をノックアウト（遺伝子破壊）動物と呼ぶ．遺伝子機能を弱めただけの操作をノックダウン，逆に遺伝子の機能を増強させる操作をノックインという．ヒトの生理現象や疾患を再現できるモデル生物としてトランスジェニックマウスやノックアウトマウスが利用されている．

3.2 立体構造解析技術分野

タンパク質の立体構造解析は以前から行われており，本シリーズの「蛋白質

工学概論」[3]に述べられている。この技術はゲノム創薬など先端的医療，製薬の進歩によりさらにその重要性が高まっている。タンパク質とそれに対する低分子リガンドや，他のタンパク質，核酸，多糖などとの相互作用の詳細な解析が疾患の原因の究明や先端的医薬開発などに直接役立つからである。

3.2.1 X線回折・放射光による結晶構造解析

この方法の特徴は長距離の原子間の位置情報からしだいに短距離情報を得る技術であり[13),14]，高分子タンパク質の解析が可能である。短所はよい単結晶を得るのが困難なことである。

物体に光が当たると回折が起こる。レンズはこの回折光を屈折させて対象物を像面（像が形成される面）に結像させるが，物理数学的にはこの際，回折光のフーリエ変換とフーリエ逆変換が行われている。回折光の解像度は光の波長に依存し，光の波長付近より小さい物体は識別できない。タンパク質の原子間距離に見合う波長の電磁波はX線の領域であるが，X線を屈折させるレンズがないためレンズが行う作業（フーリエ変換とフーリエ逆変換）を計算によって行わなければならない。

まず，高純度タンパク質の大量生産が必要であるが，現在では組換えDNA手法により創薬に必要なヒトのタンパク質なども容易に得られるようになった。膜タンパク質など水に難溶性のタンパク質はリガンド結合部など膜外に露出している領域を切り離して生産することもできる。また，結晶性のよいタンパク質を結合させて結晶化を行うなどさまざまな方法が開発され，膜タンパク質の構造の解析が進んでいる。

強いX線源としては放射光施設において発生する連続光の白色X線を分光して用いる。わが国においては筑波の高エネルギー加速器研究機構・物質構造科学研究所の放射光科学研究施設（Photon Factory），播磨科学公園都市にある大型放射光施設（SPring-8）が共同利用されている。

3.2.2 中性子線による結晶構造解析

この方法の特徴は水素原子の位置の決定が可能なことである。X線による原子の散乱は電子に基づくので、小さい水素はほとんど観測できない。中性子による散乱は原子核に基づくので、水素原子も他の原子に劣らない散乱強度が得られる。タンパク質分子中の水素原子の精密な位置は、水素結合やリガンドなどとの結合の解析に必要であり、タンパク質結晶中の水分子の配置もタンパク質の構造と機能の解析に重要である。したがって、中性子線によるタンパク質結晶構造解析も注目されている。わが国では茨城県東海村にある独立行政法人日本原子力研究開発機構・量子ビーム応用研究部門・生体分子構造機能研究グループが中性子回折計を用いた水素・水和水を含むタンパク質の立体構造解析を推進している。

3.2.3 核磁気共鳴（NMR）法による構造解析[15]

この技術の特徴は短距離の原子間位置情報から長距離情報に至る技術であり、結晶によらず溶液試料を用いる。高分子タンパク質の解析が困難で、試料作製に用いる同位元素置換アミノ酸が高価なことが難点として挙げられる。

核磁気共鳴（NMR）とは核スピンがゼロでない原子核が強い外部静磁場の中に置かれると、二つのエネルギー状態に分かれる。このエネルギー差に相当する電磁波を当てると、共鳴現象が起きて電磁波が吸収される現象をいう。この吸収周波数がその原子の化学結合状態などによってわずかながらも変化すること（化学シフト）などを利用してそれぞれの原子の距離情報を解析し、タンパク質の高次構造を解析することができる。外部静磁場が強いほど解像度が増すために超伝導電磁石を用いた超伝導高分解能核磁気共鳴装置が開発されている。X線回折による構造解析が原子間の長距離情報から順次短距離情報を得るのとは逆に、NMRによる構造解析は原子間の短距離情報から長距離情報へと解析が進行する。

タンパク質を構成するおもな元素のうち水素は軽水素（^{1}H），炭素は^{12}C，窒素は^{14}Nがほとんどで、これらのうち^{12}Cは核スピンをもたず、また^{14}Nは核

スピンをもつもののタンパク質のNMRシグナルとしては利用できない。^{1}Hはシグナル数が過剰なために同位体である重水素に置換し適当に情報を間引きすることができる。一方，炭素の同位体^{13}C，窒素の同位体^{15}Nは核スピンをもつが，天然にはそれぞれ1％，0.4％と微量しか存在しないため，これらを98～99％まで高めた安定同位体標識タンパク質が必要となる。

タンパク質溶液のNMR測定では，まず，帰属用のスペクトル測定，つぎに立体構造情報を集めるための測定が行われる。帰属用の測定では，NMRスペクトルのピークが^{1}H，^{15}N，^{13}Cのいずれの核の磁化から得られたピークかを決定し，それぞれの化学シフトから，各ピークがタンパク質分子中のいずれの核（いずれの結合）に帰属しているかを決定する。これらピークの帰属の終了後，NOESY（NOE correlated spectroscopy）など立体構造情報を含んだスペクトルのピークの帰属を行う。

核スピンの磁気共鳴の遷移を共鳴周波数の電磁波を照射したときに，そのスピンと磁気的な相互作用している別のスピンの磁気共鳴の強度が変化する現象を核オーバーハウザー効果（NOE）と呼び，化学結合では近傍にないが，空間的には近傍にあるようなスピンの対を知ることができる。NOEをもたらす緩和の遷移確率は核間距離の6乗に反比例するため，二つの核が空間的に近傍にある場合にしか観測されず原子の立体配置を決定するための重要な一手段である。NOESYはNOEによる2次元NMRスペクトルで，両軸の化学シフトのNOEによるクロスピーク強度から原子間の距離が推定できる。

NMR信号の帰属の終了後，タンパク質の高次構造の解析を行う。ほとんどの場合，タンパク質の1次構造であるアミノ酸配列は既知であるので，NMRから得られる距離情報を基にして，ディスタンスジオメトリー法や束縛条件付分子動力学法と呼ばれる構造最適化計算アルゴリズムを用いて高次構造を構築する。ディスタンスジオメトリー法は距離情報と結合角（2面角）の集合をもとに構造を導き出す手法で，分子動力学法は仮想的に分子を振動させ，構造を最適化していく方法で，NOE由来の距離の束縛条件をポテンシャルとして加え，構造を最適化していくのが束縛条件付分子動力学法である。

3.2.4 極低温電子顕微鏡による構造解析[16]

大型の生体分子の立体構造解析に適しているのがこの方法の特徴である。解像度のよい2次元結晶が必要で，前記の2方法より解像度が低い。

先に述べたように，顕微鏡の分解能は，波長に依存し，波長より小さいものは観察できない。タンパク質分子は可視光線の波長（約 400～800 nm）より小さいので，顕微鏡では観察できない。光の代わりに電子線を用いると，0.001 nm 程度まで波長を下げることが可能であり，電荷をもつため屈折させ結像させられるので，電子線を用いた電子顕微鏡でタンパク質分子を観察することが可能である。タンパク質分子の損傷をできるだけ減少させるために極低温に冷却した極低温電子顕微鏡が用いられる。この顕微鏡を用いると，結晶を作製することなく膜タンパク質や，タンパク質複合体の構造解析が可能である。

電子線によるタンパク質構造解析にはつぎの二つの方法がある。

〔1〕 電子線結晶解析

膜タンパク質は，膜内で平面的に周期性を有する結晶である2次元結晶や，その変形の一つであるらせん対称性をもつ結晶をつくりやすい。脂質二重層の中に膜タンパク質を入れ適当な環境に保つと厚さ 10 nm 程度の膜状の2次元結晶といわれる周期構造をつくる。これを同じ程度の厚さのカーボン膜に吸着させ液体エタン中で急速凍結させ，極低温のまま電子顕微鏡で観察し，その回折像をコンピュータで計算し，原子レベルのタンパク質立体構造を解析する。X線回折では照射域の像との対応がないが，電子線結晶回折では高倍率での像観察と同一の照射域で電子線回折の情報を得ることが可能である。

2次元結晶は膜状であるので，膜の両面におけるタンパク質へのリガンド吸着などの相互作用の観察も可能であろう。

〔2〕 単粒子像解析

この解析法は電子顕微鏡で観察できる分子像から，そのおおまかな立体構造を推測するもので，試料量が少なく結晶化せずに測定できる。電子顕微鏡像から数千～数万のタンパク質単粒子画像を切り出し，その位置や角度を推定し，

表3.1 生体高分子立体構造データベースと構造表示プログラム

(a) 生体高分子立体構造データベース

日本：日本蛋白質構造データバンク (PDBj：Protein Data Bank Japan)	http://www.pdbj.org/index_j.html
米国：Research Collaboratory for Structural Bioinformatics (RCSB)	http://www.rcsb.org/pdb/home/home.do
欧州：European Bioinformatics Institute (EBI)	http://www.ebi.ac.uk/index.html

(b) 分子立体構造表示プログラム（ビューアー）

Rasmol：	http://www.openrasmol.org/
Rasmol 解説	http://homepage3.nifty.com/keikoszk/3d/honbun.htm
Rasmol 解説（UNIX 版と Macintosh 版）	http://www2.ncc.u-tokai.ac.jp/okamoto/info/rasmol/index.html
UCB Enhanced Rasmol	http://mc2.cchem.berkeley.edu/Rasmol/
Rastop	http://www.geneinfinity.org/rastop/
Chime (MDL Chime)	http://www.ndl.com/jp/index.jsp
Chime 解説（Netscape Communicator 4.7x への組込み）	http://sgkit.ge.kanazawa-u.ac.jp/~kunimoto/kougi/chime_setup/chime_setup.html
Chime 解説（Internet Explorer 以外に Firefox への組込み）	http://www.cs.kyoto-wu.ac.jp/~konami/chem/molecules/chimeinstall.html
Jmol	http://jmol.sourceforge.net/
J_mol 解説	http://www.tuat.ac.jp/~seika/tonozuka/manual/pdb-jmol.html
J_mol 解説	http://homepage1.nifty.com/scilla/bunsi/jmol/Kbunsi4.html
Discovery Studio Visualizer (DS Visualizer)	http://accelrys.co.jp/dlstudio/
VMD (Visual Molecular Dynamics)	http://www.ks.uiuc.edu/Research/vmd/

(c) タンパク質立体構造モデリングプログラム（モデラー）

Swiss-PdbViewer (Windows, UNIX, Mac OS X)	http://spdbv.vital-it.ch/
UCSF Chimera (Windows, UNIX, Mac OS X)	http://www.cgl.ucsf.edu/chimera/
Molscript (Windows, UNIX)	http://www.marcsaric.de/index.php/Molscript
Dino (Linux, Mac OSX)	http://www.dino3d.org/
Molmol (Windows, UNIX, Mac OSX)	http://www.mol.biol.ethz.ch/groups/wuthrich_group/software
Molmol 解説	http://homepage.mac.com/yabyab/howtomolmol/molmol1.html

表示に関する他のプログラムについてはつぎのサイトを参照されたい．
World Index of Molecular Visualization Resources：http://molvis.sdsc.edu/visres/index.html

（2010 年 1 月現在）

それを加算平均することによりバックグラウンドノイズを軽減する。この生成データからコンピュータ計算によりタンパク質の3次元画像を構築する方法である。試料は負染色のものも用いられるが，最近では非結晶氷包埋試料を用いる場合が多い。電子顕微鏡内は電子線を通すため高真空に保たれている。生体試料は水を含むが電子顕微鏡内では水が蒸発してタンパク質が乾燥して変性する。そこで，試料を水分子の結晶化速度より速く急速凍結し，試料周囲の水分子を非晶質（ガラス状化した氷）の状態で凍結させ，結晶性の氷による電子線の散乱を低減し生体物質をなるべく自然状態に保つのが非結晶氷包埋（凍結氷包埋）技術である。

3.2.5 立体構造に関するデータベースとプログラム

　上記の各種方法で立体構造が解析された生体高分子は立体構造データベース（Protein Database，PDB）に統一されたアーカイブとして収集され，これは国際的に運営されている。**表3.1**（a）の「生体高分子立体構造データベース」に日米欧のサイトを載せた。読者には日本のサイトが便利であろう。

　上記のデータベースには解明された生体高分子の原子の座標と結合などのデータがテキストとして記載されているだけなので，われわれが立体構造として把握するには表示用のプログラムが必要である。表（b）で「立体構造表示プログラム（ビューアー）」に無料で使用できる代表的なパソコン用プログラムが挙げてある。また，これらビューアーと類似のプログラムであるが，原子の座標や結合角など分子の構成要素を変化させて解析するためのソフトで，高度な表示ソフトとしても利用できる「タンパク質立体構造モデリングプログラム（モデラー）」も表（c）に載せた。

3.3　生命情報解析技術分野

3.3.1　バイオインフォマティクス

　バイオインフォマティクスとは生命科学と情報科学の融合した領域を指す用語で，定義や分類については必ずしも決まっているものではない。

生命科学において，まずタンパク質のアミノ酸配列やタンパク質の立体構造の解析が進み情報データが蓄積され，解析にはコンピュータを用いた情報処理が必要となってきた。その後，DNAの塩基配列が解析され，ゲノム研究により生命現象の情報量が圧倒的に増加したため，生命現象の解明には情報科学による解析が必須となり，バイオインフォマティクス（生命情報科学）が生まれた。この分野にはコンピュータの利用が不可欠であり，詳細は本シリーズの「バイオテクノロジーのためのコンピュータ入門」[17]を参照されたい。

バイオインフォマティクスの領域をおおまかに示すと以下のとおりである。

〔1〕 配列情報の解析

ゲノム解析による膨大な配列情報は研究者や開発者にとって有用な情報の宝庫である。しかし，実験により得られた核酸断片の配列から生命現象にかかわるRNAやタンパク質の情報を引き出すにはさまざまな解析が必要である。実験で得られたDNA塩基配列がその生物にとって，いかなる生命現象に関与しているかを既存の多くの生物の塩基配列から読みとることができれば生命現象の解明や臨床医学，新薬開発に役立つ。このためにDNA塩基配列から発現する各種のRNA領域とその機能の予測や，DNA塩基配列から得られたタンパク質のアミノ酸配列を基にタンパク質の立体構造，膜貫通部位，活性部位の予測を行う。

〔2〕 発現解析と情報の加工

生命現象にかかわっているさまざまな遺伝子がすでに明らかにされている。これらの遺伝子やその産物のタンパク質が疾患や生物の機能とかかわっている場合，配列情報のみでは意味がなく，これらが疾患やさまざまな機能などの生物学的な注釈と結び付いていなければ実用的ではない。DNA情報は発現されて初めて生命現象にかかわりをもつので，遺伝子の発現解析が重要である。すでに3.1.3～3.1.6項および3.2節で述べたさまざまな技術を用いて得られたトランスクリプトーム，プロテオーム，メタボロームなどの発現情報からRNA，タンパク質や代謝物の場所，時間経過，条件による発現量の違い，および相互の依存関係（ネットワーク）を解析して配列情報にこのようなアノテー

ション（注釈，anotation）を付与する加工が必要となる．アノテーション項目はDNA配列に直接関連する基本的な項目からそれの発現産物であるRNAやタンパク質のもつ生物学的特徴や相互作用までに至っている．これらはゲノムアノテーション，構造アノテーション，機能アノテーションなどに分けられる．アノテーション項目のいくつかを挙げてみると，遺伝子構造，スプライシング変異体，機能性RNA，遺伝的多型（SNPs），遺伝子発現パターン，タンパク質の立体構造，タンパク質の機能，タンパク質の機能ドメイン，タンパク質間相互作用，細胞内局在，代謝経路，関連する疾患，分子進化学的特徴，関連文献などがある．

〔3〕 **システムバイオロジー**

コンピュータ技術による情報処理により，上記の膨大のデータから生命現象のモデリングとシミュレーションが可能となる．この目的のためのデータの解析と全体の動的な特性の解析をシステムバイオロジー（システム生物学，システムズバイオロジー）と呼ぶ．観測される現象を再現するモデルをつくり，このモデルから，未知条件での挙動を予測することを目指し，生命現象の仕組み，特徴を理解する．これにより，疾病の理解，治療法や医薬の開発が可能となる．

〔4〕 **データベースの構築**

データベースとは知識を集積したものを指し，バイオインフォマティクスでは上記の配列情報，発現情報およびシステムバイオロジーに含まれる実験結果・解析結果，またこれらに関する文献をまとめたものである．現在は生物種，組織，低分子化合物，糖鎖，脂質などの生体内外の物質，生物機能，疾患などさまざまなまとめ方でのデータベースが構築されている．データベースには辞書型（遺伝子/タンパク質などの配列，タンパク質の構造）やネットワーク型（代謝マップなど）があり，ほとんどの場合，相互にリンクしている．創薬や環境問題にデータベースを応用するためには，これらの膨大な知識を統合し，そこから新たな知識を発見する必要がある．さまざまな研究から得られる膨大な知識を統合し，それらの間のデータ交換を容易にするには，遺伝子や化

合物などの分子の名前から組織や生物種の名前まで用語の統一を進め，また用語と意味との関係を明示的に表現し，コンピュータで扱えるようにするための階層的な分類の枠組み，すなわちオントロジーが重要である。

　生物分野の学生にとっては上記の内容をいかに理解し，データベースとそれに関連したソフトウェア（プログラム）を使いこなして研究や開発に活用できるかを学ぶのがバイオインフォマティクスの学習の課題であろう。一方，情報科学分野の学生にとっては，上記の生物情報にかかわる生物科学的知識を学習したうえでいかにして情報科学的処理に生かすかが課題となろう。

3.3.2　バイオインフォマティクスを学ぶための環境の整備

　学術分野での現在のコンピュータのOS（operating system）はユニックス（UNIX）がほとんどで，その記述言語はC言語である。このため，個人がバイオインフォマティクスのためにはUNIXあるいはオープンソースのUNIX系OS（UNIX互換OS）であるLinux（Linuxカーネルに付随プログラムを載せたOS）をOSとしたパソコン環境をつくると便利である。Apple社の最近のMacintosh（Mac）シリーズのパソコンのCPUが2006年以降PowerPCからIntel社のものに置き換えられた。OSはMac OS XからBSD UNIXベースのオープンソースOS「Darwin」上でつくられており，ターミナルモードではUNIXそのものとなる。

　初心者がLinuxを用いたバイオインフォマティクスを学習するには「オープンソースで学ぶバイオインフォマティクス」[18]が便利である。WindowsをOSとしたパソコンを使用している場合，Linuxを導入するにはSystem Commander 4（ソフトボート社製品），PartitionMagic（ネットジャパン社製品），Partition IT（クォーターデック社製品）など複数のOS（マルチOS）の搭載を可能とするソフトを用いて，Linuxをインストールする必要がある。

　このような方法は，試しにLinuxでバイオインフォマティクスを勉強しようとする者にとっては敷居が高い。上記のソフト書籍にはDVDが付録に付いており，これにKNOBと呼ばれるLinuxが搭載されており，DVDから直接起動

表 3.2 バイオインフォマティクスに関連する主要な URL サイト

(a) 主要なバイオインフォマティクス・サーバー

Genome Net (ゲノムネット, 京都大学化学研究所バイオインフォマティクス・センター)	http://www.genome.ad.jp/
NCBI (National Center for Biotechnology Information, 米国バイオテクノロジー情報センター)	http://www.ncbi.nlm.nih.gov/
EBI (European Bioinformatics Institute, 欧州バイオインフォマティクス研究所)	http://www.ebi.ac.uk/
SIB (Swiss Institute of Bioinformatics, スイスバイオインフォマティクス研究所)	http://www.isb-sib.ch/

(b) 主要な配列データバンク

NCBI GenBank (NIH genetic sequence database)	http://www.ncbi.nlm.nih.gov/Genbank/Genbank Overview.html
EBI EMBL Nucleotide Sequence Database (EMBL-Bank)	http://www.ebi.ac.uk/embl/index.html
CIB DDBJ DNA Data Bank of Japan (日本 DNA データバンク)	http://www.ddbj.nig.ac.jp/Welcome-j.html
Swiss-Prot	http://br.expasy.org/sprot/sprot-top.html

(c) その他のデータベース, データバンク

タンパク質・生体高分子のデータバンク	3.2.5 項参照
遺伝資源データバンク	8.2.2 項参照

(d) 文献データベース

統合データベースプロジェクト (文部科学省委託研究開発事業によるライフサイエンス関連分野のデータベース)	http://lifesciencedb.jp/
Entrez (NCBI Entrez ブラウザ)	http://www.ncbi.nlm.nih.gov/sites/gquery
NCBI PubMed (NCBI Medline ブラウザ)	http://www.ncbi.nlm.nih.gov/sites/entrez?db=pubmed
The Medline Database (Medical Literature Analysis and Retrieval System On-Line)	http://www.ncbi.nlm.nih.gov/sites/entrez?db=PubMed
DOAJ (Directory of Open Access Journals)	http://www.doaj.org/

(e) 生物情報データ解析用ツールサイト

研究用ツール (国立感染症研究所石川淳博士によるリンク集)	http://www.nih.go.jp/jun/research/index-j.html
分子生物学研究用ツール集 (旭硝子株式会社 ASPEX 事業推進部議会教博士によるリンク集)	http://www.yk.rim.or.jp/~aisoai/molbio-j.html

(2010 年 1 月現在)

して使用することができるためパソコン自体に影響を与えない。さらに，DVDにはバイオインフォマティクスに用いられる主要なプログラムも含まれている。したがって，WindowsパソコンにこのDVDを入れて再起動させるだけでバイオインフォマティクス環境を構築することができ，家庭，学校や職場のパソコンの状態を変化させずにLinux環境でのバイオインフォマティクスを学べる。バイオインフォマティクスの入門者はこの本とDVDで，配列解析，バクテリアゲノム解析，マイクロアレイ解析，遺伝子ネットワーク解析，リガンド解析を学ぶのが早道であろう。また，このDVDはIntel CPUを搭載した最近のMacでも使用できる。

3.3.3 バイオインフォマティクスに関連するサイト

紙数の関係でバイオインフォマティクスについての詳細を述べられないので関連するURLサイトの一覧を表3.2に載せた。また，本シリーズの「バイオテクノロジーのためのコンピュータ入門」[17]を参照されたい。

3.4 細胞・組織分野

この項目については本シリーズの「細胞工学概論」[19]，「植物工学概論」[20]に詳細が述べられているので，簡潔に概要のみを記す。

3.4.1 細 胞 培 養

生体から取り出した細胞を人為的に生体外で培養することを細胞培養といい，培養された細胞を培養細胞という。最初の植替えを行うまでの培養は初代培養と呼び，既存の培養やその一部を新しい培地を含む培養容器に移して増殖，維持する場合を継代培養と呼ぶ。一定の安定した性質をもち，長期間培養されるようになったことを株化，その細胞を細胞株と称し，これらの細胞を培養細胞として実験や細胞からの物質生産に用いることができる。

細胞培養，および次項の組織培養では各種微生物の汚染（マイコプラズマ汚染，一般細菌・真菌汚染，ウイルス汚染）を極力防がなければならない。特に

細胞中にはウイルスがもともと混入している危険があるし,動物細胞・組織の培養液（培地）には血清など動物由来の成分が含まれるのでウイルス汚染に特に注意が必要である。ゲノム配列の解析が進んだ現在,培養細胞・組織中のウイルスの検査にDNA配列解析が用いられるようになってきた。この方法では未知のウイルスに対する検査も可能となる。

3.4.2 組織培養

組織分化の程度の高い多細胞生物の組織（片）を培養して維持することを指す。細胞の集合体であるため,試料が各種微生物により汚染されている危険性は細胞培養の場合より高い。

〔1〕 動物組織培養

細胞より分化の進んださまざまな組織を培養することにより,疾患の治療,新しい臓器の培養など再生医療の研究や,均一な対象を用いた薬効試験が可能な動物実験代替法（生きた動物の代わりに細胞や組織を用いた試験方法）などに用いられている。

〔2〕 植物組織培養

植物は細胞を脱分化させて培養後,植物個体にまで成長させることができる分化全能性が備わっているため,さまざまな組織培養方法が研究されている。器官培養（葉など）,茎頂培養,胚培養（未熟胚）,葯培養,花糸培養,プロトプラスト培養などが行われている。有用品種のクローン増殖,種子で増殖できない植物の大量増殖や希少植物の大量増殖に利用されている。

3.4.3 細胞融合

人工的に2種の異種細胞どうしや細胞質や核を融合する技術。細胞をセンダイウイルスで処理する方法,高濃度のポリエチレングリコールを含む培養液中で培養する方法,あるいは電気パルスを用いる方法などにより細胞どうしの膜の融合を起こさせ,1個の細胞にする。細胞核も融合して2倍体の染色数が4倍体になるが徐々に減少して安定化が起こると増殖可能な細胞株が得られる。

このような細胞株をハイブリドーマと呼ぶ。植物細胞は細胞間のペクチンをペクチナーゼで分解して細胞をばらばらにしてから，セルラーゼなどの酵素を使って細胞壁を除き，プロトプラストと呼ぶ細胞膜に囲まれただけ（一部の細胞壁は残る）の状態にして融合させる。

抗体産生細胞とがん細胞を融合させたハイブリドーマをつくることにより特定の抗原決定基にのみ特異性をもち，均一な抗体（モノクローナル抗体）を細胞培養で大量生産するシステムが開発された。植物では通常の交配では交配不可能な種どうしの形質を兼ね備えた細胞種の作成が可能となり，新品種の開発や品種改良が行える。醸造分野では酵母や麹菌の育種によりパン，日本酒，焼酎，ワインなどの生産に用いられている。

3.4.4 細胞内注入技術

真核生物細胞に外部遺伝子を物理的・化学的方法で導入することをトランスフェクションと呼ぶ。以下のマイクロインジェクションやパーティクルガンによる遺伝子導入はトランスフェクションと区別される。

顕微鏡下で微細針を用い細胞に直接物質を注入する技術を細胞内注入（マイクロインジェクション，ミクロインジェクション）技術という。外来遺伝子（DNA）を直接細胞核内に直接注入する方法は細胞に導入した遺伝子のすべてが核内に導入されるので組換え効率も高い。また，細胞核を除核卵子内に注入することにより体細胞クローンをつくり出すことが行われている。これらの技術や，核や細胞小器官を取り除いたりする技術を総称してマイクロマニピュレーション（ミクロマニピュレーション）と呼ぶ。

3.4.5 発生工学

発生過程ではいろいろな遺伝子が時間的・空間的に正確な制御下で発現し，機能を発揮している。発生工学とは，そのような遺伝子発現調節機構を解明するために生物の個体発生過程にさまざまな実験的操作，例えば胚細胞の培養や遺伝子操作などを加えることにより発生過程を解明し，また，その発生過程を

これまでと異なる新しいものにつくり変えたり，新しい生物系統をつくることなども含む研究・開発分野である。ヒトの病気を研究するための疾患モデル動物をつくったり，家畜の画期的な品種改良や家畜による有用物質の生産などへの利用につながる。

3.5 特定の分子・細胞の可視化技術

　生体機能を解析する上で生体物質の分布やその動態を知ることは非常に重要である。そのため，標的とする分子や細胞を識別し，それらの状態や分子間相互作用などを表示するさまざまな可視化技術[21),22)]が解析されている。以前は放射性物質を用いて物質や生体を標識し，放出されるベータ線粒子やガンマ線をフィルムや乾板で画像化し，その分布を調べることが多かったが，規制の厳しい放射性物質の取扱いを避けて，最近は発光物質や蛍光物質を用いることが多くなった。

　生体物質や細胞，組織，器官などを可視化する技術全般はバイオイメージング（bioimaging）と呼ばれ，分子レベルから個体レベルでの画像解析全般に対する非常に広範な技術が含まれる。これら全般については文献を参照されたい。ここでは最近の分子や細胞に標識を付けて画像化する技術を主として概説する。

3.5.1　タンパク質・ペプチドの蛍光標識
〔1〕　化学修飾による標識

　タンパク質の蛍光標識は，免疫染色やフローサイトメトリーによる細胞の情報解析などに利用される。蛍光色素はアミン反応性のある NHS エステルやイソシアナート，アルデヒド反応性のあるヒドラジド，SH 反応性をもつマレイミドなどの官能基を介して結合され，これらの官能基を有する多くの低分子蛍光色素が市販されている。Dansyl chloride, fluorescein 誘導体（FITC：fluorescein isocyanate；fluorescein maleimide など），rhodamine 誘導体（rhodamine 110, tetramethyl rhodamine, texas red など），Cy 色素（Cy3, Cy3.5,

Cy5,やCy5.5などのシアニン型蛍光色素),Alexa^{TM} Fluorなどがよく使われている.

最近では,ユウロピウム(Eu^{3+})やテルビウム(Tb^{3+})などの希土類錯体を標識試薬とする蛍光分析も行われ,ATBTA-Eu^{3+}(sodium [4′-(4′-amino-4-biphenylyl) -2,2′:6′,2″-terpyridine-6,6″-diylbis (methylimino diacetato) europate(Ⅲ))のアミノ基にジクロロトリアジニル基を導入し,DTBTA-Eu^{3+}に変換したものなどがタンパク質などのアミノ基の標識に用いられている.

〔2〕 蛍光物質と結合するタグを用いる標識

細菌 haloalkane dehalogenase 由来の HaloTag^{TM} タンパク質(33 kDa)遺伝子を融合させたタンパク質は細胞膜透過性の蛍光リガンドを加えると細胞内で発現した HaloTag^{TM} 融合タンパク質と特異的な共有結合を形成し,蛍光染色することができる.SNAP-tag^{TM} はヒト O^6-alkylguanine-DNA alkyltransferase (hAGT)を遺伝子工学的手法により改良した酵素タグ(約 20 kDa)で,タンパク質のNおよびC末端に融合発現させ,蛍光基質を共有結合を介して酵素反応で特異的に結合させて標識できる.また,テトラシステインタグ(TCタグ=Lumioタグ:-Cys-Cys-Pro-Gly-Cys-Cys-)を融合させたタンパク質はFlAsH(2個の arsenoxide を含むフルオレセイン誘導体)が強く結合して強い蛍光を発する.

〔3〕 蛍光性アミノ酸の導入

タンパク質発現遺伝子の中の特定の部位に4塩基コドンあるいはアンバーコドンを含む配列を付加し,蛍光標識アミノ酸を結合させた4塩基コドンあるいはアンバーコドンを認識する tRNA を用い,大腸菌の無細胞翻訳系でタンパク質合成を行わせることにより,タンパク質の中の特定の部位にピンポイントで蛍光色素1分子を付ける技術が開発されている.例えば,遺伝子上で非天然アミノ酸に置換したい部位のコドンを4塩基コドン CGGG に置換しておく.一方,この4塩基に相補的な配列 CCCG をアンチコドンにもつ tRNA を合成しておき,化学的アミノアシル化法を用いて非天然アミノ酸を結合させる.この4塩基コドン CGGG の最初の3塩基 CGG が天然のアミノアシル tRNA によって

翻訳された場合は読み枠が1塩基分ずれて，下流に現れる終止コドンによってタンパク質合成は終了する。非天然アミノ酸が導入された完全長タンパク質のC末端に精製用のHis-tagなどを付加しておくと，目的タンパク質のみを容易に単離することができる。

3.5.2 核酸・ヌクレオチドの蛍光標識

電気泳動やクロマトグラフィーなどで核酸類をさまざまな蛍光色素で識別・検出する一般的な核酸操作技術は多くの書籍に記載されているので省略する。

3.5.3 糖鎖の蛍光標識

糖鎖は種類が多く，量的に微量であることが多いので紫外吸収色素や蛍光色素で標識し液体クロマトグラフィーやキャピラリー電気泳動などで分析されることが多い。還元末端のアルデヒド基に，還元アミノ化反応（還元剤の存在下，芳香族アミンを糖のアルデヒド基に導入）によって蛍光物質あるいは発色団を導入する場合が多い。ABEE（p-amino benzoic ethyl ester，4-アミノ安息香酸エチルエステル），ABOE（p-aminobenzoate，4-アミノ安息香酸オクチルエステル）などがよく用いられる。シアル酸は還元糖でないため，酵素処理を行い，還元糖であるN-アシルマンノサミンに変換したのちに標識を行う。

3.5.4 細胞内イオンの蛍光プローブ

〔1〕 カルシウム

細胞内のカルシウムイオン（Ca^{2+}）濃度の測定が多く行われており，indo-1，fura-2，fluo-3，quin-2などの蛍光色素がよく使用されている。

〔2〕 亜　　鉛

TSQ，TSQにカルボキシル基を導入して水溶性を高め生細胞系に適用できるように改良したZinquin ethyl ester，TFL-Zn，などがあり，最近Zinpyr-1，Zinpyr-4，Dansylaminoethyl-cyclenなどの試薬が販売されている。

[3] そのほかのイオン検出プローブ

Mgイオンプローブとして KMG-20-AM などが開発されている。また，Cl^-の検出には MQAE が用いられることが多い。Na^+，K^+の検出には SBFI，PBFI が用いられる。細胞内 pH プローブとして，BCECF（pKa=6.97）が pH6.4〜7.6 の範囲内で pH と蛍光強度の間に直線関係が見られるため用いられている。

3.5.5 蛍光タンパク質

下村脩により，1962 年にオワンクラゲ（*Aequorea victoria*）から分離・生成された緑色蛍光タンパク質（green fluorescent protein，GFP）は分子量約 27 kDa の蛍光タンパク質で，補因子などの他分子の助けを必要とせずに発光する発色団を分子内にもち，励起光を当てると単体で発光する。その後，GFP 遺伝子の同定・クローニングと異種細胞への GFP 導入・発現が行われ，他のタンパク質との融合タンパク質としても機能を発揮することから，レポーター遺伝子として使われるようになった。発色団とその周辺の構造が X 線結晶解析から明らかになり，これらを構成するアミノ酸残基を遺伝子操作によりほかの残基に変えて BFP（blue fluorescent protein），CFP（cyan fluorescent protein），YFP（yellow fluorescent protein），RFP（red fluorescent protein）など多数の改変型 GFP がつくられている。また，ウミシイタケ，六放サンゴなどから新たな蛍光タンパク質が単離・改変され利用されるようになった。

試料に励起光を照射することで検出でき，生きたままの細胞内でタンパク質の局在を調べることが可能であり，細胞内のシグナル伝達にかかわるタンパク質の局在を調べるためなど，細胞研究の重要なツールとなっている。

3.5.6 可視化のための新しい画像技術

[1] 1 分子イメージング技術

多分子計測では多数分子の平均値を用いて，その分子の性質を表し，この平均値から 1 分子の機能を推論してきた。これはすべての分子は同じように振る舞うという仮定の下に成り立っているが，ミオシンそのほかのタンパク質では

挙動に履歴がある。これらの分子のダイナミクスを調べるには1分子の挙動を直接観測する必要がある。

① **全反射蛍光顕微鏡法（total internal reflection fluorescence microscopy, TIRFM）** 分子1個を蛍光顕微鏡を使って直接観察するために，表面から深さ約150 nmの表面近傍のみを照明する全反射照明でエバネッセント光を発生させて蛍光を励起する新しい方法が開発されている。この方法を用いて蛍光標識した生体分子1個を活性を保持したまま水溶液中で観察・操作を行うことが可能である。例えばCy3を結合させた蛍光ATPであるCy3-ATPとミオシンを含む液を蛍光顕微鏡で観察すると遊離Cy3-ATPはブラウン運動のため蛍光スポットとして観察されないが，高分子であるミオシンと結合すると揺らぎが小さくなり蛍光スポットとして観察され，加水分解されたCy3-ADPは解離定数が大きいためスポットが消失する。これによりATP 1分子のターンオーバーを観察できる。

② **原子間力顕微鏡（atomic force microscope, AFM）** カンチレバー（小さく柔らかい腕に探針を付けたもの）の探針を試料のごく近傍に近づけると，探針 – 試料間に量子力学的な作用が働く。この相互作用の値を一定にするように探針を接触させずに上下させて試料を走査して表面を観察する装置で，光学顕微鏡で蛍光識別された試料観察とAFM観察との直接比較が可能である。

〔2〕 量子ドット

量子ドット（quantum dot, QD）は，セレン化カドミウム（CdSe）など半導体原子が数百個から数千個集まった10数 nm程度の結晶で，光を照射すると，その結晶のサイズに応じて異なる波長の蛍光を発する。原理はここでは述べないが，蛍光がきわめて明るく退色も遅いなどの特徴を有し，電子顕微鏡で大きさを識別できるなどの特性をもつため，量子ドットにアビジンやビオチンを結合させるなどによる生体試料の蛍光プローブとしての使用が試みられている。

3.6　生体機能関連生産技術分野

　この項目に関連した分野の詳細は本シリーズの「細胞工学概論」[19]，「植物工学概論」[20]，「応用微生物学」[23]，「酵素工学概論」[24]，「生体機能材料学」[25]，「培養工学」[26]，「バイオセパレーション」[27]，「バイオミメティクス概論」[28] を参照されたい。

3.6.1　固定化生体触媒

　酵素は反応の種類や基質に対する特異性が高く，常温常圧の緩和な条件下で効率よく反応を触媒する優れた触媒であるが，ほとんどは水溶性であるため工業利用する際，連続反応装置で基質や反応生成物から分離して再利用するには不向きである。そこで工業用酵素を担体に固定して用いる方法が開発され酵素の固定化と呼び，そのように加工された酵素を固定化酵素と呼ぶ。多くの場合，この加工により酵素の安定性も改良される。

　この技術は単離した酵素ばかりでなく，微生物菌体，細胞，組織をそのまま固定化してそれらの含む酵素の触媒作用を利用することに発展し，これら生体を固定化したものを固定化生体触媒[29] と称するようになった。酵素を単離精製するコストを低減する利点以外にも微生物を生存させたまま固定化し発酵を行わせるなども行うことができ，この技術の利用範囲が拡大した。

　固定化酵素を中心として酵素や微生物・細胞・組織の酵素反応を利用して物質生産を行う装置はバイオリアクター（bioreactor）と呼ばれることが多いが，この名称はわが国特有のもので，国際的には酵素リアクター（enzyme reactor）などと呼ばれるものである。バイオリアクター（bioreactor）という名称は培養槽の一般名として用いられ，その中の一種として固定化酵素リアクターも含まれるので，外国語の論文の読み書きの場合に注意が必要である。

　固定化の方法には担体結合法（共有結合法，イオン結合法，物理的吸着法，生化学的特異結合法など），架橋法，包括法（格子型，マイクロカプセル型など）および複合法（上記を組み合わせた固定化法）がある。詳細は上記の文献

を参照されたい。

3.6.2 バイオセンサー

3章で述べた酵素,抗体,受容体など生体は対象物を特異的に認識する優れた機能をもつ。この生体要素の分子認識機能を利用して,特定の対象物質の種類・濃度を計測する化学センサーを総称してバイオセンサー[30]と呼ぶ。

バイオセンサーの構造は分子認識機能部とその部分の変化を信号変換して利用しやすい信号を出力する信号変換部(トランスデューサー)とに分けることができ,測定対象物,分子認識機能部,および信号変換部の種類によりさまざまに分類される。

信号変換部には測定対象の物理量別につぎのようなものがある。電流(酸素電極,過酸化水素電極),電圧(電位変化の検出:FET(電界効果トランジスタ),イオン電極),光量(SPR(表面プラズモン共鳴),フォトカウンター),質量(SAW(表面弾性波),水晶振動子),熱量(サーミスター)を検出する。

分子認識機能部は前項の固定化技術を用いてトランスデューサー表面に分子を認識する素子を装着して用いる。大別すると生体物質そのものを使用する生体物質センサー(バイオマテリアルセンサー)と生体物質の機能を模した素子で構成した生体模擬物質センサー(バイオミメティックセンサー)に分けることができ,狭義のバイオセンサーは前者である。生体物質センサーには酵素センサー(酸化還元酵素,ウレアーゼ,リパーゼなどさまざまな酵素を用い,基質の減少,生成物の増加,pH変化,熱量変化などを検出する),微生物センサー(微生物菌体を固定化し,特定化合物分解利用する性質を指標とする呼吸活性を測定あるいは微生物の代謝産物の測定する),免疫物質センサー(抗原-抗体反応による変化を検出する),遺伝子センサー(1本鎖DNAプローブへの相補配列DNAの結合を測定するDNAチップや,2本鎖DNAへの突然変異誘発物質,発がん誘起物質や抗生物質の特異的結合を測定),細胞・オルガネラセンサー(動植物細胞やミトコンドリア,クロロプラストなどのオルガネラを用い環境ストレスなど複雑な対象を測定する)などがある。生体模擬物質セ

ンサーには味覚センサー（複数の脂質組成の異なる脂質膜の吸着膜電位を測定し電位パターンから解析する），匂いセンサー（酸化物半導体の導電率がガスの吸着によるガスセンサーで検出する）などがある．詳細は上記の文献を参照されたい．

引用・参考文献

1) 魚住武司：遺伝子工学概論（バイオテクノロジー教科書シリーズ 2），コロナ社（1999）
2) 高橋秀夫：分子遺伝学概論（バイオテクノロジー教科書シリーズ 5），コロナ社（1997）
3) 渡辺公綱，小島修一：蛋白質工学概論（バイオテクノロジー教科書シリーズ 9），コロナ社（1995）
4) 栄研化学株式会社
   http://www.eiken.co.jp/（以下，URL は 2010 年 1 月現在）
5) タカラバイオ株式会社
   http://www.takara-bio.co.jp/
6) シスメックス・ビオメリュー株式会社
   http://www.sysmex-biomerieux.jp/servlet/srt/bio/japan/home
   株式会社カイノス
   http://www.kainos.co.jp/
7) 油谷浩幸 編：DNA チップ／マイクロアレイ臨床応用の実際：基礎，最新技術，臨床・創薬研究応用への実際から今後の展開・問題点まで（遺伝子医学 mook），メディカルドゥ（2008）
8) 林崎良英 監修，岡崎康司 編：必ずデータが出る DNA マイクロアレイ実戦マニュアル——基本原理，チップ作製技術からバイオインフォマティクスまで，羊土社（2000）
9) 中村祐輔 編：SNP 遺伝子多型の戦略 ゲノムの多様性と 21 世紀のオーダーメイド医療（ポストシークエンスのゲノム科学 1），中山書店（2000）
10) 国際 HapMap 計画ホームページ
    http://www.hapmap.org/index.html.ja
11) Soga, T., Ueno, Y., Naraoka, H., Ohashi, Y., Tomita, M. and Nishioka, T. : Anal. Chem., 74, pp. 2233～2239（2002）
12) Soga, T., Ohashi, Y., Ueno, Y., Naraoka, H., Tomita, M. and Nishioka, T. : J. Proteome Res. 2. pp. 488～494（2003）
13) 坂部知平 監修，相原茂夫 編著：タンパク質の結晶化：回折構造生物学のために（日本学術振興会回折構造生物第 169 委員会），京都大学学術出版会（2005）

14) ヤン・ドレント 著, 竹中章郎 訳：タンパク質のX線結晶解析法第2版, シュプリンガー・ジャパン（2008）
15) 荒田洋治：タンパク質のNMR, 共立出版（1996）
16) 臼倉治郎：よくわかる生物電子顕微鏡技術──プロトコル・ノウハウ・原理 共立出版（2008）
17) 中村春木・中井謙太：バイオテクノロジーのためのコンピュータ入門（バイオテクノロジー教科書シリーズ11）, コロナ社（1995）
18) オープンバイオ研究会 編：オープンソースで学ぶバイオインフォマティクス, 東京電機大学出版局（2008）
19) 村上浩紀・菅原卓也：細胞工学概論（バイオテクノロジー教科書シリーズ3）, コロナ社（1994）
20) 森川弘道・入船浩平：植物工学概論（バイオテクノロジー教科書シリーズ4）, コロナ社（1996）
21) 高松哲郎：バイオイメージングがわかる──細胞内分子を観察する多様な技術とその原理（わかる実験医学シリーズ──基本＆トピックス）, 羊土社（2005）
22) 三輪佳宏 編：実験がうまくいく蛍光・発光試薬の選び方と使い方, 羊土社（2007）
23) 谷 吉樹：応用微生物学（バイオテクノロジー教科書シリーズ7）, コロナ社（1992）
24) 田中渥夫・松野隆一：酵素工学概論（バイオテクノロジー教科書シリーズ8）, コロナ社（1995）
25) 赤池敏宏：生体機能材料学－人工臓器・組織工学・再生医療の基礎（バイオテクノロジー教科書シリーズ12）, コロナ社（2005）
26) 吉田敏臣：培養工学（バイオテクノロジー教科書シリーズ13）, コロナ社（1998）
27) 古崎新太郎：バイオセパレーション（バイオテクノロジー教科書シリーズ14）, コロナ社（1993）
28) 黒田裕久・西谷孝子：バイオミメティクス概論（バイオテクノロジー教科書シリーズ15）, コロナ社（1994）
29) 千畑一郎 編：固定化生体触媒, 講談社（1986）
30) 六車仁志：バイオセンサー入門, コロナ社（2003）

4 生命工学の実用分野

この章では,さまざまな分野において生命工学が実際に実用化されている例と今後実用化が期待される科学技術について述べる。

4.1 医療・薬学分野

生命工学と医療・薬学分野への応用は多岐にわたる。個々の基礎技術の多くについては前章に述べた。ここではそれらが医療分野にいかに組み合わされて応用され,また応用されようとしているかを述べる。

中心となるのはヒトゲノム情報の解析とこれに関連した標的タンパク質の構造解析,リガンドとの相互作用解析である。これらを支援する技術がバイオインフォマティクスであり,各種の解析・分析機器である。

ヒト以外の動物のゲノム解析からはヒト疾患との関連が明確な実験動物の開発や,疾患モデルの構築が可能となり,病原性微生物のゲノム解析から,これらの生育を押さえるターゲットを論理的に探索することが可能となり,新たな抗生物質の開発の可能性が出てきた。

これらから得られる情報に基づいて,個々の患者の病態がDNA診断によって判断され,適切な医薬品を用いて治療が行われるようになろう。また,ヒトゲノムの情報に基づき,遺伝的疾患に対して遺伝子治療が可能となり,ヒト細胞・組織・器官の再生などがなされれば,再生医学が進歩するであろう。

従来の医療と大きく異なる点は,従来の医学が病状という「表現型」を手が

かりに創薬や治療が行われていたのに対し，ゲノム情報により，各個人の「遺伝子型」に基づいた投薬・治療が可能となる点である。

4.1.1 ゲノム創薬
〔1〕 ゲノム創薬とは

近代的創薬は動植物などの天然物である生薬から有効成分を純粋な形で分離することから始まった。現在，治療薬として用いられる医薬品の多くは合成医薬であるが，これのほとんどは天然から得られた薬効成分を化学的に修飾したり，これをモデル（リード化合物，先導化合物）として創出されたものである。このような化合物を考案することをドラッグデザインと称する。

上記のような医薬品の開発は，病気の発症とその原因との因果関係の解明が手探りの状態で，偶然発見的な方法などに頼らざるを得ない部分があり，膨大な時間・労力・費用がかかるものの効率がよいものではなく，また効能や副作用については，開発段階でさまざまな試験を必要とした。

一方，ヒトゲノムの解析が進み，発症のメカニズムを遺伝子レベルで解明することが可能となった。これまで原因がわからなかったさまざまな病気に対して遺伝子情報との因果関係が明らかにされると，その遺伝情報をもとにした新しい治療薬の開発が可能となり，すでに薬のある病気に対しても薬が効く，効かないといった個人差や，また，ある病気になりやすい，なりにくいという個々の人の違いが，個人の遺伝情報の違いにあるということがわかり，個別化医療への道が開かれてきた。

また，病原微生物のゲノム解析，あるいは病原微生物の成育に関与する分子の立体構造と機能の相関関係など，病気に関連するヒト以外の生物のゲノム情報の解析も医薬品開発のための新しい武器となりつつある。

ゲノム創薬とは，このように従来の創薬と異なり，ゲノム情報を活用し，医薬品を論理的・効率的につくり出すことをいう[1),2)]。

ゲノム創薬が従来の創薬と異なる点はつぎのとおりである。

① 特定の病気に関連した遺伝子の探索・特定

② それら関連遺伝子の機能や相互関係の確認
③ 関連遺伝子の発現による RNA やタンパク質の構造機能の解析
④ ターゲットタンパク質に作用する低分子化合物のデザインや，ターゲット RNA への反応物のデザイン

〔2〕 創薬ターゲット分子探索——遺伝子産物のアノテーション——

創薬ターゲット分子探索には解読されたヒト遺伝子について，塩基配列などにより，類似している遺伝子について従来報告されている機能，生理活性などに関するすべての情報をコンピュータにより検索することが考えられる。

ヒトゲノムの塩基配列解析のデータから，薬の分子ターゲットとなり得る受容体や酵素を予測し，それをタンパク質として発現させて，その内因的リガンドや基質を同定するというアプローチが主流となりつつある。ゲノム創薬は潜在的な薬の分子ターゲットを論理的に予測するので偶然性に左右されず，確実性とスピードが大きく向上するというメリットがある。

ゲノム創薬において，薬の分子ターゲットとなり得る受容体や酵素を予測するためには疾患遺伝子の解析が不可欠であり，1.2.2項で述べたオミックス研究が基盤となる。ことにトランスクリプトームやプロテオームの解析により疾患ごとの分子標的である疾患関連遺伝子の絞り込みが必要になる。具体的な手段としては3.1.3項のマイクロアレイ技術や遺伝子多型の解析技術に示したさまざまな技法を駆使し，例えば，症例群としてある疾病の患者を集め，もう一方に対象群として健康なヒトを集めて，両方のグループの遺伝子の比較を行うことなどにより，ある疾患に関係する遺伝子を探索したり，同じ症例でも患者により原因が異なる場合の原因遺伝子を突き止める解析が行われる。

このようにして創薬ターゲットの特定は二つの大きな特徴をもつ。一つは発症のメカニズムを遺伝子レベルで解明することにより原因不明であった疾患に対する治療薬や，従来の治療薬と比べて根本的で十分な効果が期待できる薬の開発が可能になることである。もう一つは創薬プロセスにおいてのターゲット物質の特定が容易になることである。

さらに3.1.6項に示した分子間相互作用の解析によりターゲット分子の振舞

いが調べられ，バイオインフォマティクス（3.3節）によりそれら分子のアノテーションを含んだデータベースがつくられ利用されている。

〔3〕 創薬分子デザイン

上記の手法により，多くのタンパク質のアミノ酸配列が解明され，さらに3.2節の立体構造解析技術分野に述べたX線結晶解析やNMR（核磁気共鳴）による測定やコンピュータによる構造予測などの技術により多くの生体高分子の立体構造，ことに受容体タンパク質や酵素とリガンドとの複合体の立体構造が明らかになり，タンパク質と相互作用する物質の構造や性質について詳細な情報を得ることが可能となった。これにより，タンパク質や薬理活性化合物の立体構造情報に基づき薬理作用の発現機構を分子レベルで明らかにし，その知見に基づいて新規なリード化合物を創製する医薬分子構造設計（SBDD）という手法が可能となってきた。この手法では先に述べた従来の創薬におけるよりもリード化合物の創出の論理の構築が容易となり，またそれにかかる期間の短縮が可能となる。

4.1.2 バイオ医薬品

〔1〕 バイオ薬品とは

バイオ医薬品とは明確な定義はないが，組換えDNA技術，細胞融合技術，細胞大量培養法技術などのバイオテクノロジーで製造された医薬品を指す。これには

① ヒト由来のタンパク質医薬品　　ペプチドホルモン，酵素，抗体など
② 疾患の原因である分子に直接作用する分子標的治療薬　　抗体を利用した抗体医薬およびRNAやDNAの断片そのものを用いる核酸医薬など
③ 遺伝子治療に用いる遺伝子組換えウイルス
④ 培養皮膚などの細胞性治療薬

がある。ここでは①および②について概説する。

〔2〕 組換えDNA技術，細胞技術により製造された医薬品

ヒトの体内に投与するペプチドタンパク質製剤は免疫反応を回避するため，

ヒト由来のタンパク質である必要がある。しかし，このようなヒトタンパク質はヒト体内で大量には生産されないものが多い。このため，これらタンパク質の遺伝子をヒト由来細胞を用いた生産や，大量に発現可能な他の生物に導入してタンパク質を生産させる遺伝子組換え技法が用いられる。また，これらの方法を用いればアミノ酸配列を変換したものの生産も可能である。

おもなものはつぎのとおりである。

① **ペプチドホルモン・成長因子製剤** 心房性ナトリウム利尿ペプチド（ANP），インスリン，成長ホルモン（ソマトロピン），トラフェルミン（ヒト塩基性線維芽細胞増殖因子，bFGF），フォリトロピンベータ（ヒト卵胞刺激ホルモン），ソマトメジンC（インスリン様成長因子1,IGF-I），骨形成タンパク質（BMP）など

② **酵素製剤** ウロキナーゼ，ナサルプラーゼ（ウロキナーゼ前駆物質，プロウロキナーゼ），アガルシダーゼアルファ（α-ガラクトシダーゼ）など

③ **サイトカイン** インターフェロンアルファ，インターフェロンベータ，インターフェロンガンマ-n1，インターロイキン-2，顆粒球コロニー刺激因子（G-CSF）など

④ **血液関連タンパク質・因子製剤** エリトロポエチン（EPO），血液凝固第VII因子，血液凝固第VIII因子など

⑤ **受容体** 可溶性TNFα/LTαレセプターなど

〔3〕 **分子標的治療薬**

（a） **分子標的治療薬とは** 正常な体と病気の体の違いや正常細胞とがん細胞の違いが分子レベルで解明されるようになった。疾患の中には，特定の細胞において発現する遺伝子がつくるタンパク質の作用が原因で起こるものがある。その原因となる遺伝子やタンパク質を特定し，それらに直接作用するように理論的につくり上げる薬剤のことを分子標的治療薬と呼ぶ。広義にはDNAワクチン，遺伝子治療，抗体医薬，RNAiなどヌクレオチド医薬も特定の分子を標的にしているので分子標的治療薬に入るが，抗がん剤のみを指すことが多く，また，ミサイル療法も分子標的治療薬に含まれる。ここでは抗体医薬

品，核酸医薬品および低分子医薬品に分けて概略を述べる。

分子標的治療薬の標的は，細胞外標的（増殖因子・細胞死アゴニストなど），細胞表面標的（増殖因子受容体・細胞死受容体など），細胞内標的（シグナル伝達物質・細胞の自然死（アポトーシス）に関連するミトコンドリアなど），核内標的（細胞周期・DNA 修飾・DNA 修復など）がある。**図4.1**にホルモン，サイトカイン，増殖因子などのリガンドの作用の一部を例として挙げた。リガンドは各種受容体や酵素に結合し，酵素による変換や，タンパク質のリン酸化などによりシグナル伝達が行われ，転写因子により細胞の増殖などの生命現象が発現される。各段階の分子的メカニズムが解明され，遺伝子変異によるこれら関連タンパク質のアミノ酸置換（図中▲で示した）ががん化を引き起こすこともわかってきた。これらタンパク質のリガンドの結合部位や，リン酸化，酵素触媒作用の部位の構造も明らかにされてきた結果，それらタンパク質や，関

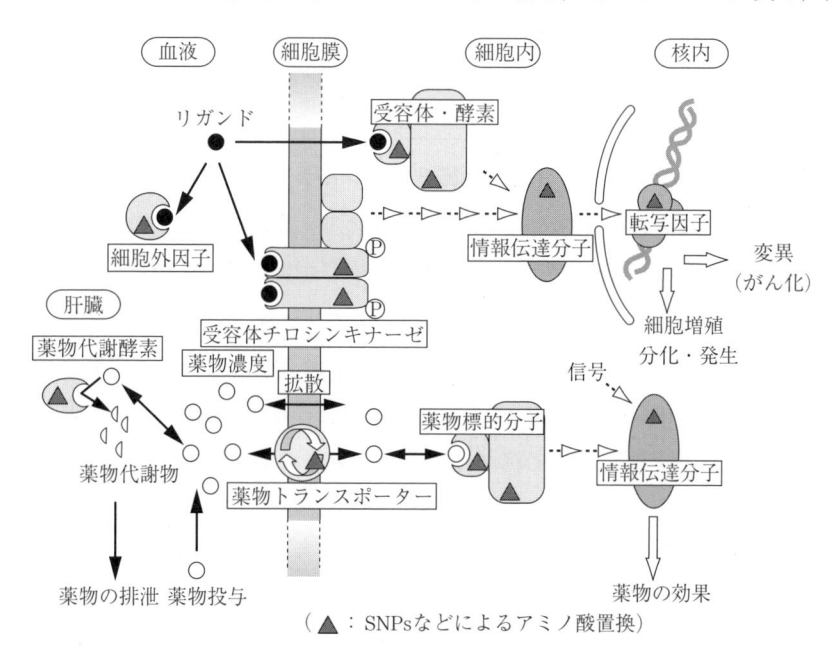

(▲：SNPsなどによるアミノ酸置換)

●：リガンド（ホルモン，サイトカイン，増殖因子など），○：薬物，▲：SNPなどによるタンパク質のアミノ酸置換などの変異，Ⓟ：リン酸化を示す。

図4.1 分子標的治療薬と薬理ゲノミクス

連する核酸の部位を標的として特異的に相互作用する低分子や高分子治療薬の開発が行われるようになった。

薬の名前については,薬効成分は同一でも各製薬企業の販売名(商品名)が異なるため,一般名(generic name)が定められている。国際的には WHO を中心とした国際的協力により国際的一般名称(International Nonproprietary Names, INN)が定められている。わが国では,日本の基準として定められた医薬品名称調査承認名に記載されている一般名称を使うことになっている。分子標的薬の一般名はつぎの(b)項と(c)項で述べる。

(b) 低分子医薬品(小分子医薬品) 低(小)分子医薬品とは,タンパク質など高分子の医薬品に対し低分子有機化合物の医薬品全般を指す用語であるが,ここでは標的分子の活性部位に安定的に結合して標的分子の機能を阻害する化合物を取り上げる。

低分子阻害剤の一般名は名前の語尾につぎのような文字を付けて識別する。

　　ib(イブ)=インヒビター(阻害薬),小分子薬

標的別に,いくつかの例を挙げる。＜＞内は商品名である。

① **チロシンキナーゼ(タンパク質チロシンキナーゼ)阻害剤**　タンパク質のチロシン残基を特異的にリン酸化する酵素で,細胞の分化,増殖や免疫反応などにかかわるシグナル伝達に関与する。特に増殖因子の結合で活性化する受容体型チロシンキナーゼは増殖因子のシグナル伝達により細胞の分裂,分化,形態形成にかかわり多くの種類がある。一例を挙げると,上皮成長因子(EGF)受容体(EGFR)は遺伝子変異や構造変化により発がんやがんの増殖・浸潤・転移などを起こすので抗がん剤開発の分子標的となる。ゲフィチニブ＜イレッサ＞,およびエルロチニブ＜タルセバ＞は EGFR チロシンキナーゼ阻害剤で肺がんの治療に使われる。他に慢性骨髄性白血病(CML)の原因である染色体異常の遺伝子産物(チロシンキナーゼ活性が亢進した Bcr-Abl 融合タンパク質(p210))の特異的阻害剤として開発されたイマチニブ＜グリベック＞など各種の阻害剤がある。

② **そのほかのキナーゼ阻害剤**　上記のチロシンキナーゼ以外にもさまざ

まな受容体キナーゼや他のタンパク質キナーゼが信号伝達に働き増殖・分化にかかわっている。これらのキナーゼを標的にした治療薬がいろいろつくられている。一例を挙げるとソラフェニブ＜ネクサバール＞は細胞内にある Raf-1 キナーゼ（セリン/トレオニンキナーゼ），受容体である KIT，FLT-3，血管内皮細胞増殖因子受容体（VEGFR-2, VEGFR-3），血小板由来増殖因子受容体（PDGFR-β）のキナーゼを阻害し，細胞の増殖やがんに栄養を運ぶ血管新生にかかわる複数のキナーゼを標的とする分子標的治療薬で腎がんの治療に使用される。

③ **プロテアソーム阻害剤** 細胞内で不要になったタンパク質を分解するプロテアソームによるタンパク質分解は細胞周期を遂行するために必須である。ボルテゾミブ＜ベルケイド＞は選択的・可逆的なプロテアソーム阻害剤で，このプロテアソーム系を阻害することにより細胞回転を止め，細胞死アポトーシスに陥らせ，多発性骨髄腫の治療に使用される。

（c） **抗体医薬品** 抗体医薬とは，抗体を利用した医薬の総称であるが，ここではモノクローナル抗体の高い識別性を使った分子標的治療薬を取り上げる。モノクローナル抗体医薬の一般名は名前の語尾につぎのような文字を付けて識別する。以下，抗体の種類別にいくつかの例について一般名を挙げ，＜＞内に商品名，〔 〕内に標的分子と主要適応病名を掲げる。

① **マウスモノクローナル抗体** omab（オマブ）＝マウス抗体。Fc 部分がマウス由来で効果が不十分で，かつ免疫原性があるため使用されなくなった。

② **キメラモノクローナル抗体** ximab（キシマブ）＝可変領域はマウスのまま保存されているが，そのほかの定常領域をヒト由来に置換したキメラモノクローナル抗体。例：Rituximab リツキシマブ＜リツキサン＞〔B 細胞表面に発現する白血球分化抗原 CD20；B 細胞性非ホジキンリンパ腫〕，Cetuximab セツキシマブ＜エルビタックス（アービタックス）＞〔上皮成長因子受容体（EGFR）；大腸がん，頭頸部がん〕，インフリキシマブ＜レミケード＞〔腫瘍壊死因子（TNFα）；関節リウマチ〕。

③ **ヒト化モノクローナル抗体**　zumab（ズマブ）＝可変領域内の抗原結合部位（CDR）のみがマウス由来で他の領域をすべてヒト由来としたヒト化モノクローナル抗体。例：Trastuzumab トラスツズマブ＜ハーセプチン＞〔細胞表面に発現する受容体型チロシンキナーゼ HER2；HER2 陽性転移性乳がん〕，Bevacizumab ベバシズマブ＜アバスチン＞〔血管内皮細胞増殖因子 VEGF；大腸がん〕。

④ **ヒト型モノクローナル抗体**　mumab（ムマブ）＝ヒト抗体遺伝子を導入したトランスジェニックマウスを用いて産生させた完全ヒト型モノクローナル抗体。例：Panitumumab パニツムマブ＜ベクチビックス＞〔上皮細胞増殖因子 EGF 受容体；大腸がん〕，Adalimumab アダリムマブ＜ヒュミラ＞〔TNFα；関節リウマチ〕。

⑤ **腫瘍標的モノクローナル抗体**　tu…mab＝腫瘍を標的にしているモノクローナル抗体。例：Trastuzumab トラスツズマブ（上掲）。

⑥ **そのほかの分子標的抗体製剤**　TNF 阻害剤エタネルセプト＜エンブレル＞：TNFα は活性化マクロファージ（単球）や血管内皮細胞，脂肪細胞などが産生する腫瘍細胞を壊死させる作用をもつサイトカインであるが，自己免疫疾患のクローン病や関節リウマチでは TNFα が過剰になり炎症を引き起こす。エタネルセプトは通常の抗体製剤と違い TNF が細胞に作用する際の受容体の構造にヒトの IgG の Fc 部分を結合させた受容体 IgG 融合タンパクである。エタネルセプトは TNF が細胞に作用する際の受容体（1 型と 2 型がある）の 2 型の受容体にヒト IgG を融合させた製剤で，TNF の α 型，β 型の二つに結合しその作用を中和する。抗体製剤が TNF-α とだけ結合するのに対して少し広い作用がある

（d）核酸医薬品　バイオ医薬や抗体医薬のように先端的な医薬開発はタンパク質を標的にしたり，タンパク質を用いたものが多い。2.3.2 項および 2.3.4 項で述べたように，ゲノム解析が進んでみると DNA の塩基配列のうち，RNA には転写されるものの，タンパク質のアミノ酸配列に翻訳される配列はむしろ少なく，RNA のままで機能していることがしだいに明らかにされたこ

ともあり，核酸そのものを医薬として利用する開発研究が盛んになった。ほとんどのものはRNAを用いているのでRNA医薬と呼ばれることも多く，またRNA医薬を利用する医療をRNA医療，RNAを加工して医薬として用いる技術をRNA工学，RNA医工学と称することがある。RNA機能の発現を抑制すること全体はRNAサイレンシングと呼ばれる。遺伝子機能の発現抑制は遺伝子サイレンシングと呼ばれるが，DNAのメチル化やヒストン修飾のようなDNAレベルでの現象が関係している場合を除くと，転写されたRNAの発現抑制，すなわちRNAサイレンシングと同義であることが多い。RNAサイレンシングにはRNA干渉，アンチセンスオリゴヌクレオチド，リボザイムなどが用いられる。

① **RNA干渉（RNAi）の利用**　　RNA干渉（RNAi）とは，すでに2.3.4項で述べたように，細胞に2本鎖RNAを導入した場合，それと相同な塩基配列をもつ遺伝子の転写産物（メッセンジャーRNA，mRNA）を破壊し，結果として，その遺伝子の発現が特異的に阻害される現象のことである。標的のRNAのみを切断して，その働きを抑えるため，副作用が少なく効果が高い医薬品につながると期待され研究・開発が進んでいる。

長い2本鎖RNAがダイサーによって，siRNAと呼ばれる21〜23塩基対の短い3'突出型2本鎖RNAに切断されて機能することから，RNA干渉を用いた医薬の開発にはターゲット遺伝子の塩基配列をもとにしたsiRNAの設計が行われている。siRNAを用いることにより，2本鎖RNA依存性プロテインキナーゼの反応を回避することができる。設計にあたってはプロモーター部分，イントロン部分，転写因子の結合部位を避け，エキソン部分からコンピュータプログラムBLASTなどを用いて設計配列が目的遺伝子に対して特異的であることを確かめる必要がある。

人工RNAは体内の酵素により分解される可能性が高いので，微粒子にRNAを包んで投与したり，一部をDNAに置き換えることで安定性を増加させるなどさまざまな方法で安定性を高める努力がなされている。また，細胞内で持続的にsiRNAをつくり出させるためにsiRNAの配列の合成遺伝子をベクターを

用いて細胞に感染させ，その遺伝子が細胞内の核中で siRNA を生産する系の開発も行われている。

開発ターゲットとしては遺伝子の異常発現によって起こるがんやウイルス感染（C 型肝炎，RS ウイルス感染症など）による疾患の治療や，糖尿病などによる末梢血管障害，加齢黄斑(はん)変性症など局所的投与での治療への応用がある。

② **アプタマーの利用**　3.1.3 項のマイクロアレイ技術で触れたアプタマーを利用する技術である。RNA 干渉は細胞内での RNA 切断によって起こるが，アプタマーは細胞表面で炎症物質や受容体に結合してその働きを阻害する仕組みによる作用であるため，RNA を細胞内に送り込むことを考慮しなくてもよい。

多発性硬化症や加齢黄斑変性症などをターゲットとした開発が進んでいる。

③ **デコイの利用**　デコイとは狩猟の際に鳥をおびき寄せるためのおとり用の鳥や模型を指すが，転写因子におとりとして結合するためにつくられた短鎖の核酸をデコイ核酸と呼ぶ。アレルギーにかかわっている転写因子に結合するデコイ DNA を用いてアトピー性皮膚炎を抑制する薬の開発が進んでいる。

④ **アンチセンスオリゴヌクレオチドの利用**　アンチセンス配列をもつ RNA や DNA（アンチセンスオリゴヌクレオチド）は mRNA に結合して，その翻訳過程を阻害するので，特定のタンパク質の発現阻害剤となり得る。RNA 干渉による開発が進む以前は核酸医薬として脚光を浴びたが，RNA 干渉の場合と異なり，mRNA と 1 : 1 の化学量論的な結合のため，大量の投与が必要なこと，1 本鎖オリゴヌクレオチドが分解を受けやすく不安定なために，最近は開発が少ない。しかし，安定性を増すための人工的ヌクレオチドの開発などの技術開発が行われている。

⑤ **リボザイムの利用**　リボザイムは触媒活性をもつ RNA 分子である。天然リボザイムは，RNA のプロセシングを触媒することから，遺伝子治療をはじめとした応用分野での研究が展開されている。

⑥ **mRNA トランスフェクション法**　これは特定の mRNA を抗原提示細胞に取り込ませて，その産物を免疫認識の標的とする治療法である。クローン

化された腫瘍特異的抗原の cDNA から転写された mRNA や腫瘍細胞から調製した mRNA 混合物を，抗原提示樹状細胞に対してトランスフェクションを行い，導入された mRNA 産物をあたかもこの細胞の内因性のペプチドとして発現させ，MHC クラス I として提示させることにより特異的に細胞傷害性 T 細胞（CTL）を誘導するもので，ベクターによる遺伝子導入の発現効率が低いため，直接 mRNA を用いようとする方法である。この方法は各種のがん，腫瘍の治療法として開発が行われている。

4.1.3 遺伝子検査・遺伝子診断・遺伝子鑑定

ここではヒトに関連する遺伝子検査を取り上げる。農林水産分野での遺伝子検査については 4.3.1 項の DNA 検査・遺伝子診断を参照されたい。ヒトゲノムの解析が進んだ結果，ヒトの DNA 塩基配列の特徴や疾患と遺伝子との関係が少しずつ解明されてきている。このため個人の DNA の固有の塩基配列を調べることにより，その個人の遺伝情報を得ることが可能となった。

遺伝子検査とは目的とする生物の遺伝子の検査を意味し，遺伝子診断とは単に遺伝子検査のみでなく，他の診断も含めて患者の疾患を特定し診断する診療行為全体を意味する。遺伝子鑑定は DNA の多型部位を検査することで個人識別を行う鑑定で，犯罪捜査や親子など血縁の鑑定に利用されている。

医学的な遺伝子検査では

① 結核菌などの病原性微生物の感染の有無と微生物の特定

② 遺伝病の判定

③ 悪性腫瘍（がんや肉腫，白血病など）の判定

④ アレルギーや肥満体質など個人の体質や薬剤の効果，副作用などに関する遺伝情報の取得

の目的で行われる。遺伝子検査が必要とされるのは

① 従来の検査方法では診断が困難な場合

② 短時間での検査結果が求められる場合

③ 病気の種類を決める診断や治療効果の判定が必要な場合

などである。また，疾患と原因との調査が必要な場合，遺伝子検査は過去の検体試料を使っても行えるため重要な手がかりとなる。

遺伝子検査の目的によって，使用される材料（微生物菌体，血液や身体の一部から採取された組織片（頬の内側の口腔粘膜細胞など），喀痰や尿，病理検査用の固定組織，そのほか（髪の毛や精子など））からDNA，またはRNAを抽出し，調べたい特定遺伝子領域をPCR法など *in vitro* 遺伝子増幅法を用いて増幅したのち，電気泳動での制限酵素切断パターンの違い，また，塩基配列の違いをハイブリダイゼーション法，シークエンス法，マイクロアレイ（DNAチップ）法などで調べる。

〔1〕 感染症の遺伝子検査

感染症の場合，原因となる病原微生物の同定が重要であるが，従来の培養による方法では時間がかかり適切な処置が遅れる場合もある。喀痰，気管支洗浄液，尿，血液，病巣組織などの検体からDNA（ほとんどの微生物およびDNAウイルス）やRNA（RNAウイルス）を採取し，上記の方法で短時間で病原微生物を特定して治療が行える。結核菌や抗酸菌群など培養が難しい微生物や，クラミジアや淋菌，インフルエンザウイルス，肝炎ウイルス（HBV，HCVなど），エイズウイルス（HIV），バンコマイシン耐性腸球菌（VRE）の *van* 遺伝子や腸管出血性大腸菌（EHEC）のベロ毒素 *vt* 遺伝子の同定が行われている。

〔2〕 遺伝病の遺伝子検査

遺伝子疾患をおおまかに分類すると以下のとおりである。

① **単一遺伝子病**　　一つの異常遺伝子に起因する疾患
② **多因子病**　　複数の遺伝子の異常に起因する疾患
③ **染色体病**　　染色体の構造，数の異常に起因する疾患

通常，遺伝病の遺伝子検査は，①の単一遺伝子病について行われ，そのほかの所見と合わせた遺伝子診断により遺伝子治療を含めた治療が行われる。遺伝子治療については4.1.4項の遺伝子治療を参照されたい。

〔3〕 悪性腫瘍に関係した遺伝子検査

細胞の成長と分裂は正常な状態では，細胞が老化・欠損して死滅するときに

新しい細胞が生じて置き換わるように制御されている。しかし，p53 などの特定の遺伝子（通常複数）に突然変異が生じると正常な制御作用が機能しなくなり，過剰な細胞群が腫瘍化する。これらが浸潤・転移を起こすと悪性腫瘍となる。すべての遺伝子の突然変異ががんに関係しているわけではなく，特定の遺伝子異常の蓄積により悪性腫瘍が発生すると考えられているので，悪性腫瘍の治療法選択のために遺伝子検査が行われる。造血器官腫瘍（白血病など）の場合，特定の遺伝子異常により特定の型の白血病が発症することが知られており，患者から血液もしくは造血臓器組織の一部を採取し遺伝子検査でその型を同定することによりそれぞれの型に有効な治療法を選択する。固形腫瘍では乳がん，胃がん，神経芽細胞腫，子宮頸がん，大腸がん，乳がん，膀胱がん，肺がんなど多くのがんについて関与する遺伝子が解明されているので，遺伝子検査により異常遺伝子を特定することにより，それぞれの患者に適した選択性の高い治療法を決定することが可能となる。

〔4〕 体質や薬剤の効果，副作用などに関する DNA 多型解析

生物の個体ごとに異なった点変異や欠失，重複，反復配列などを示す塩基配列部分が存在するので，個体の識別に遺伝子検査を利用することができる。ヒトの場合もこれら DNA 多型を検査することにより個人ごとに異なる特定の個人体質を調べることが可能である。多型の解析については 3.1.4 項の遺伝子多型の解析技術を参照されたい。

こうした多数の SNP の中の一部が病気のかかりやすさなどの個人差と関連していると考えられている。一つの SNP が直接体質や疾病に関与している場合もあるが，単独の SNP の影響力は弱くても，多数の SNP を保有していると，発症の可能性が高かったり，進展する疾患がある。日本人の肥満には特につぎの 3 種の遺伝子の関連性が高いと報告されてる。

① *β*-2 アドレナリン受容体遺伝子　　ADRB2R（*β*-2 adrenoceptor），別名 ADRBR（*β*-2 adrenoreceptor），B2AR（*β*-2-adrenergic receptor）

② *β*-3 アドレナリン受容体遺伝子　　ADRB3R 3（*β*-3 adrenergic receptor），別名 B3AR 3（*β*-3 adrenoceptor），BETA3AR 2（*β*-3 adrenoreceptor）

③　ミトコンドリア脱共役タンパク質1遺伝子　　UCP1（SLC25A7），別名 Thermogenin（mitochondrial brown fat uncoupling protein），UCP

　肥満に関係する遺伝子は 50 種類以上あるといわれている。上記の 3 種の遺伝子は，日本人の約 97 ％ がいずれかの変異（SNP）をもち，この変異により肥満しやすい体質，肥満しにくい体質があることがわかってきた。

　$β$-3 アドレナリン受容体遺伝子に異常（Trp64Arg，64 番トリプトファン残基がアルギニン残基に置換した変異を示す。以下同様）があると，この受容体がうまく働かず脂肪が分解されにくくなり，基礎代謝が 1 日当り約 200 kcal 低く肥満になりやすい。

　UCP1 遺伝子の異常（A3826G）では，UCP1 の脱共役作用が悪く褐色脂肪組織での脂肪燃焼機能が低下し，正常な人に比べて，基礎代謝が 1 日当り約 100 kcal 低下するため肥満の傾向がある。これらの遺伝子異常は俗に「肥満遺伝子」と呼ばれる。

　一方，$β$-2 アドレナリン受容体遺伝子の異常（Arg16Gly）のある人は，正常な人に比べ基礎代謝が約 300 kcal 高くなるので肥満になりにくいが，この遺伝子に異常がある人はタンパク質を食べても上手に利用できず，筋肉も付き難いといわれる。

　これらの 3 種の遺伝子の SNP の検査はキットとして市販されている。

〔5〕　**遺伝子鑑定・DNA 鑑定**

　遺伝子鑑定・DNA 鑑定は個人の特定に用いられ，個体による変化の多い遺伝子多型などを組み合わせて用いる。3.1.4 項〔1〕遺伝子多型で述べたように，多型には SNP，挿入/欠失多型，コピー数多型（ミニサテライト：VNTR，反復単位が数〜数十塩基，およびマイクロサテライト：STR，反復単位が 2 〜 4 塩基），ミトコンドリア DNA 多型がある。犯罪捜査ないしその周辺における個人識別を目的とする警察での法科学的鑑定では，STR を用いるのが主流である。DNA 型記録取扱規則（2005 年国家公安委員会規則第 15 号，一部改正：2006 年国家公安委員会規則第 27 号）により現在警察の DNA 鑑定で用いられている特定 DNA 型はアメロゲニン（Amelogenin），VNTR 座位（MCT118），

およびSTR座位（CSF1PO, D13S317, D16S539, D18S51, D19S433, D21S11, D2S1338, D3S1358, D5S818, D7S820, FGA, TH01, TPOX, vWA）である。アメロゲニンは，歯のエナメル質に存在する低分子量のタンパク質で，エナメル質タンパク質のうち，90％がアメロゲニンである。X染色体，Y染色体の両方に存在し，塩基配列の相違があり，性別判定に用いられる。MCT118座位は，第1染色体短腕部末端に位置する16塩基を繰返し単位とするVNTRである。

民間業者による個人識別，親子鑑定では，さらにSNPやミトコンドリアDNA多型なども使われている。

4.1.4 遺伝子治療

「遺伝子治療臨床研究に関する指針」（2004年12月28日改正）によると，「遺伝子治療」とは疾病の治療を目的として遺伝子または遺伝子を導入した細胞を人の体内に投与すること及び遺伝子標識（疾病の治療法の開発を目的として標識となる遺伝子または標識となる遺伝子を導入した細胞を人の体内に投与すること）をいうとあり，人の体内に遺伝子を導入する研究全般を含むように定義されている。一般的な意味では遺伝子の異常によって生じる先天的あるいは後天的な疾患を正常な遺伝子を補う，あるいは遺伝子の欠陥を修復・修正する治療法を指す[3]。

狭義の遺伝子治療は患者の病的細胞がもつ「遺伝子の異常」そのものを治す「遺伝子の治療」であるが，現在行われている遺伝子治療は細胞になんらかの遺伝子操作を施して治療を行うもの全般を指して広く遺伝子治療，すなわち「遺伝子による治療」であり，がんやエイズなどの疾患に対する遺伝子による治療も遺伝子治療に含まれる。

治療用の遺伝子もさまざまなものが使われ，ある特定の遺伝子がうまく機能していない場合にはその働きを補うために正常遺伝子が用いられる。この場合，細胞修復技術（治療用遺伝子を欠陥のある細胞に入れる）や細胞改変技術（治療用遺伝子をまったく関係ない細胞に入れる）がある。また，遺伝子を導

入された細胞が抗ウイルス剤により破壊されるようにする「自殺遺伝子」という技術も開発されている。

　以下に現在までに行われた，あるいは研究されている遺伝子治療の対象疾患と，遺伝子を導入するために行われ，あるいは開発されつつある技術のそれぞれの主要なものについて簡単に述べる。

〔1〕 遺伝子治療の対象（標的）疾患

（a） 先天性疾患（遺伝疾患）　　この疾患の根本的治療は遺伝子の欠陥を修正する遺伝子治療であるが，現在行われている治療のほとんどはすべて補充療法であり，原因遺伝子の治療ではない。遺伝子導入方法や効果はそれぞれの疾患により大きな差がある。以下に治療が行われ，あるいは研究されているおもな疾患を挙げる。

　① 囊胞性線維症　　気道上皮細胞の ATP 依存性塩素イオンチャネル分子の異常による常染色体劣性遺伝の全身性疾患で，白人には比較的よく見られるが日本では非常にまれである。

　② アデノシンデアミナーゼ欠損重症複合性免疫不全（ADA-SCID）　　アデノシンデアミナーゼ欠損症とも呼ばれ，プリン代謝系酵素の一種のアデノシンデアミナーゼの欠乏により血液中のリンパ球が減少する疾患である。B 細胞と T 細胞の両方の機能異常による免疫不全症である重症複合免疫不全症（SCID）で，全体の約 20 ％を占め，常染色体劣性遺伝 SCID の約半数を占める。

　③ 慢性肉芽腫症（CGD）　　NADPH 酸化酵素の異常により，好中球における活性酸素の産生障害が起こり，乳児期より肉芽腫形成を起こして重症感染を繰り返す先天性免疫不全症である。

　④ 血友病　　血友病 A（先天性血液凝固第Ⅷ因子障害）と血友病 B（先天性血液凝固第Ⅸ因子障害）を総称して血友病と呼び，止血困難な障害である。治療の原則は欠乏する凝固因子の補充による早期止血であり，現在は遺伝子組換え製剤による補充療法があるが，遺伝子治療が検討されている。

　⑤ 家族性高コレステロール血症（FH）　　低比重リポタンパク質（LDL）

受容体の異常によって高コレステロール血症となる常染色体優性遺伝の疾患である。LDL 受容体の異常のため LDL の組織内取込みが傷害されコレステロールを含んだ LDL が血中に蓄積して動脈硬化を促進する。

⑥ **そのほかの遺伝的疾患** 先天性の失明，リソソーム蓄積症（リソソーム酵素欠損により細胞内に，基質がリソソームにたまったリソソームが蓄積する疾患で，細胞更新のない神経細胞で発症する）や筋ジストロフィー（デュシェンヌ型筋ジストロフィーは X 染色体短腕のジストロフィン遺伝子欠損による伴性劣性遺伝で，筋線維束の構造が失われ，筋萎縮と筋力低下が進行する疾患である）などがある。

（b） **後天性疾患** 遺伝子治療は先天性の遺伝子疾患の治療として始められたが，現在，遺伝子治療の臨床応用が考えられているのは，がん，エイズそのほかの感染症など後天性疾患に対するもので，約 70 ％ががんを対象としたものである。

① **悪性腫瘍（悪性黒色腫，肺がん，脳腫瘍，腎がんなど）** 先天性疾患以外ではがん治療を目的とするものが最も多く，がんに対する免疫力の増強を目的とした免疫遺伝子治療が数多く検討されてきており，その主要なものは免疫遺伝子療法（養子免疫遺伝子療法，腫瘍免疫遺伝子治療/腫瘍ワクチン），自殺遺伝子療法，原因遺伝子に対する遺伝子治療（原因遺伝子の破壊，がん抑制遺伝子療法）であるが，内容は省略する。

② **感染症** エイズ（AIDS）に対する治療が試みられている。その病原ウイルスであるヒト免疫不全ウイルス（HIV）から病原性となる遺伝子を削除し，HIV のタンパク質合成を阻害するアンチセンス遺伝子を組み込んだウイルスを使用した研究がなされている。最近，タカラバイオ社は，感染後 Tat タンパク質が少量生産され，HIV の LTR と呼ばれるプロモーター部分の特定の配列 TAR と反応して HIV の複製引き起こすことに着目し，HIV の LTR 配列の支配下に RNA 分解酵素（MazF）遺伝子をつなぎ，細胞が HIV に感染後，ただちに Tat タンパク質が TAR 配列と反応して RNA 分解酵素（MazF）が発現し，HIV の mRNA を分解して HIV の複製の阻止が起こるレトロウイルスベクター

を開発した。

③ **そのほか** 動脈性疾患，リウマチ性疾患，神経変性症（パーキンソン病，ハンチントン病），心臓疾患，糖尿病などに対する遺伝子治療が研究されている。

〔2〕 **遺伝子導入法**

組換え DNA を増幅・維持・導入させるために用いるベクターと同様に，治療用の遺伝子を細胞内に導入するものをベクターと呼ぶ。ウイルスを改変して製作したウイルスベクターとウイルスを用いない非ウイルスベクター（非ウイルス性ベクター）がある。

① **ウイルスベクター** ウイルスベクターとは，ウイルスの病原性に関する遺伝子を取り除き，目的の外来遺伝子を組み込むようにしたベクターである。レトロウイルスベクター（マウス白血病ウイルスをベースとし，複製能力をなくすことにより病原性を失わせたもの），アデノウイルスベクター（複製能力をなくすことにより安全性を高めたもの），アデノ随伴ウイルスベクター（約 4.7 kb の 1 本鎖 DNA ウイルスで，人に感染しても重篤な症状を引き起こさない非病原性ウイルスに由来するために安全性が高い），レンチウイルスベクター（レトロウイルスベクターの一種）などが用いられる。

② **非ウイルス性ベクター** ウイルスベクターにはもともと病原性のあるものを改変して製作したものが多く，安全性そのほかの問題から，ウイルスを用いない導入法が開発されている。リポソーム法（リポフェクション法，リポソーム/DNA 複合体法），naked DNA 法（DNA の直接投与：環状の精製 DNA を直接筋肉注射して導入する方法や，微小金粒子に DNA を付け直接細胞に打ち込む方法など）がある。

4.1.5 薬理ゲノミクスと個別化医療（テイラーメード医療）

〔1〕 **薬理ゲノミクス**

ゲノム創薬に関連する領域である薬理ゲノミクス（ファーマコゲノミクス，pharmacogenomics）は，薬に対する人の反応性の個人差を説明する因子（病

態，食事，栄養状態など）の中で，特に遺伝的因子に関与するものを重視する学問領域である薬理遺伝学の延長上に生まれ，同じ病気の患者達に同じ薬を同量投与しても，効果や副作用の強さなどの反応が違う薬物反応を遺伝子レベルで予測し，薬を正しく投与しようというもので，これまで「体質」と呼ばれてきた個人差が遺伝子レベルで説明して的確な治療に役立てようとするものである。

公的な定義によると「ファーマコゲノミクス（ゲノム薬理学）」とは，2005年3月18日付薬食審査発第0318001号医薬食品局審査管理課長通知[4]では，「臨床薬理試験及びその他の臨床試験において，医薬品の作用に関連するゲノム検査を利用して被験者を層別するなどの手段を用い，被験薬の有効性，安全性などを検索的，検証的に解析・評価すること」と定義されている。

〔2〕 薬物の効果と副作用との発現の個人差

薬物の効果・副作用には人種差・個人差があり，動物実験においても種差や個体差があることが知られている。薬物を投与してから作用が発現するまでには多くのタンパク質が関与している。図4.1に示したように，薬物も体にとっては異物であり，これを代謝するための薬物代謝酵素がある。これの反応により薬物の濃度が低下する。さらに薬物を血液中から細胞内の作用部位へ薬物を取り込んだり細胞外へと排出するトランスポータータンパク質が存在する。薬物がその作用部位に到達し効果を発現するには標的タンパク質への結合と応答が必要である。

これらタンパク質の遺伝子にはさまざまな多型が蓄積されてきた（図中に多型によるタンパク質のアミノ酸置換を▲で例示した）。ヒトの祖先が野生の動植物を食料としていた時代には毒物排除をするためのタンパク質類は重要で，その異常のあるものは淘汰されたが，農畜産業，漁業などにより安全な食料が手に入れられるようになってからは，これらタンパク質の異常はヒトの生存について中立的な変異となり，蓄積されてきたためである。近年，人工的な化学物質が医薬品として日常的に使用されるようになると，これらの遺伝子変異はヒトの生存に中立的ではなく，薬物の副作用を起こす原因として取り上げられ

るようになった．以降，これらタンパク質の遺伝子変異を要約する．

（**a**） **薬物代謝酵素の遺伝変異**　多くの脂溶性薬物は，肝臓の薬物代謝酵素系により分子形状が変わるとともに水溶性を増し，薬理活性を失い尿中に排泄されやすくなるが，薬物によっては代謝により毒性が高まることもある．この代謝反応には脂溶性を除去する脱アルキル化，水酸基を付与する水酸化，また，酸化，還元，加水分解などの反応，あるいは内因性物質（硫酸，酢酸，グルタチオン，グルクロン酸など）を付加し親水性を高める抱合反応などがあるが，代表的な酵素反応はシトクロム P450 による反応である．これはモノオキシゲナーゼ（一酸素添加酵素）で基質に酸素を添加し水酸化する．450 nm に吸収をもつ色素タンパク質としてシトクロム P450 と名付けられた．ヒトでは約 50 種類あり，おもに肝臓に存在し，少量ではあるがほぼ全臓器に存在する．これらはアミノ酸相同性により分類され，CYP1A1 のように表記する．命名法は CYP（cytochrome P450）1（ファミリー名）A（サブファミリー名）1（特定のタンパク質分子種番号）で，ファミリーは 40％ 以上の配列相同性，サブファミリーは 55％ 以上の配列相同性をもつタンパク質群である．これら P450 酵素活性の遺伝子多型をもつ患者では酵素活性の低下が見られ，常用量の薬物に対して顕著な有害反応が見られる．

P450 以外の代謝酵素でも多くの遺伝子多型が報告されており，患者の薬剤代謝酵素の遺伝的変異が薬剤の濃度や作用に及ぼす影響はきわめて大きく，薬剤の適量投与に際してこれらを考慮する必要がある．

（**b**） **薬物トランスポータータンパク質の遺伝変異**　薬物を血液中から細胞内の作用部位へと薬物を取り込んだり，細胞外へと排出したりするには細胞膜の脂質二重層の通過が必要である．単純拡散で通過するものもあるが，多くの薬物とその代謝物はこの二重層を通る際に薬物トランスポーターと呼ぶタンパク質により輸送される．

多くの薬物トランスポータータンパク質が存在するが，ここでは代表的な薬剤排出トランスポーターである ABC トランスポーターとその遺伝子変異について概説する．

生体膜には主として脂溶性低分子化合物をATP加水分解のエネルギーを用いて輸送するABCタンパク質と呼ぶ一群のタンパク質がある。これらは高い相同性のアミノ酸配列をもつATP結合領域がカセットのように膜タンパク質に挿入されていたり，あるいはATP-結合カセット（ATP Binding Cassette, ABC）と呼ばれる領域がサブユニットを構成しているためABCタンパク質と命名された。

　一例として，この中で最も研究されているABCB1タンパク質について述べる。ABCB1（MDR1, P-糖タンパク質, pleiotropic-glycoprotein）はABCB（MDR/TAP）サブファミリーに属し，最初に抗がん剤に対するがん細胞の耐性化機構の一つとして発見されたが，正常組織の腎近位尿細管，肝臓の毛細胆管や腸管の管腔側膜，脳の毛細血管内皮細胞（血液脳関門）などに見いだされ，基質認識性が広く，多様な分子構造をもつ疎水性化合物を細胞外へ排出する機能をもつABCトランスポーターである。がん細胞で高発現した場合，そのがん細胞が多くの抗がん剤に対して非感受性となり治療上の大きな障害となる。遺伝的多型も存在し，機能には個体差がある。

（c）　薬物作用部位分子（標的分子タンパク質）の遺伝子変異　　最終的な薬理作用の発現は作用部位に到達した薬物と作用部位タンパク質との相互作用を介して行われる。作用部位タンパク質には受容体タンパク質や酵素などがあるが，ここでは薬物受容体の一つであるアドレナリン受容体を取り上げる。分子標的薬と遺伝子変異については分子標的薬の項を参照されたい。

　アドレナリン受容体は多くの機能をもつGタンパク質共役型受容体で，受容体の中でも最も古くから解析がなされている。アドレナリンやノルアドレナリンを含む交感神経系伝達物質カテコールアミンが作用する受容体である。これらのアドレナリン受容体は循環器や呼吸器など多くの器官の動作を調節しているので，これら受容体に作用する薬の種類が多く，アドレナリンと同様な作用を引き起こす薬はアドレナリン作動薬（α作動薬とβ作動薬），アドレナリンやノルアドレナリンの作用に拮抗する薬をアドレナリン遮断薬（α遮断薬とβ遮断薬）と呼ぶ。これら受容体すべてにおいて遺伝子変異が多く発見されて

おり，受容器に作用する薬物感受性に密接な関係がある。

〔3〕 **個別化医療（テイラーメード医療）**

　上記のように薬物の効果や副作用には大きな個人差があり，それが個人の遺伝子異常に大きなかかわりをもつことが明らかとなった。そこで治療の際に，患者個人の遺伝情報と疾患の原因や病態と遺伝子異常に関する情報とに基づき，薬の主作用の最大化と副作用の最小化を図る医療を個別化医療（personalized medicine）と呼ぶ。テイラーメード医療（テーラーメード医療，tailor-made medicine），カスタムメイド医療（custom-made medicine），個人化医療（individualized medicine），オーダーメイド医療（オーダーメード医療）などとも称する。最後に挙げた名称はオーダーメイド（オーダーメード）そのものが和製英語であるので使わないほうがよい。

　糖尿病，高血圧など多くの疾病が患者固有の異なる病因で発症しており，一方，薬剤の効果，副作用も同様に患者固有の遺伝子異常に依存しているため，今後の医療は，個々の患者の遺伝子情報に基づいて適切な治療が望まれる。そのためにはさまざまな疾病の病因と発病の機序，薬剤に対する遺伝子異常の反応についての詳細な情報が整備される必要がある。また，簡便な遺伝子検査により患者の情報が得られる体制が確立されなければならない。

　創薬の面でも治験にあたって新規薬剤の遺伝子異常との関連が詳細に調べられなければならず，ゲノム創薬と薬理ゲノミクスとの連携が求められる。

4.1.6　バイオマーカー

〔1〕 **バイオマーカーとは**

　医学的な意味でのバイオマーカーとはFDA（米国食品医薬品局）によれば「バイオマーカーとは正常の生物学的過程，病的過程，薬理学的過程の指標として治療介入の対象として測定および評価される特性」と定義されている[5]。通常，診断分野において疾患などにより発現する化学物質の量・濃度・程度を表す数値（血糖値やコレステロール値など）とされているが，心電図，血圧，X線撮影やPETによる画像，骨密度などもバイオマーカーである。

〔2〕 分子バイオマーカー

ヒトゲノム解析が進み遺伝子塩基配列が解明されたのち，バイオマーカーに対する考え方は大きく変化し，DNA，RNA，タンパク質，またはタンパク質断片や特徴的な代謝物群などの分子情報である分子バイオマーカー（モレキュラーバイオマーカー，molecular biomarker）を特にバイオマーカーとして取り上げるようになった。前項までに取り上げたように疾病と関連している遺伝子変異（遺伝子多型など）やRNAやタンパク質の異常がしだいに明らかになり，これらの分子が重要なバイオマーカーとして認められている。DNA，RNAはゲノムバイオマーカーとも呼ばれる。

〔3〕 診断・治療分野におけるバイオマーカー

4.1.3項の遺伝子検査・遺伝子診断・遺伝子鑑定および4.1.5項の薬理ゲノミクスと個別化医療（テイラーメード医療）で述べたように，患者の遺伝子を調べて患者個人に適した治療を行うことが重要になる。今後，遺伝子だけでなく，発現されたRNAやタンパク質がさまざまな疾患のバイオマーカーとして認められるであろう。この際，迅速に安価にこれらのバイオマーカーを計測することが求められてくる。

疾患の直接的指標としての分子バイオマーカーの解析により新たな治療法の開発も期待される。

〔4〕 創薬分野におけるバイオマーカー

従来，バイオマーカーは臨床検査や治験での疾患の状態変化の指標として使われてきたが，ゲノム解析後，さまざまな疾病に関連する分子バイオマーカーが明らかにされてくると，これらの分子バイオマーカーは創薬のための重要な指標となった。トランスクリプトーム，プロテオーム，メタボロームの網羅的な解析を行うことが創薬の出発点となるので効率的な解析手法の開発が必要となる。

〔5〕 予防医学・機能性食品分野におけるバイオマーカー

バイオマーカーは，疾患を未然に防ぐための日常的な指標としても重視される。生活習慣病や症状の現れにくい疾患を適切なバイオマーカーを用いること

により発見し，健康状態の管理により疾患が予防されれば，患者の医療費負担軽減，患者の生活の質（QOL）の向上が期待できる．また，現在多くの機能性食品が市場に出回るようになったが，適切なバイオマーカーを利用することにより機能性食品の客観的な機能評価法が確立すれば，科学的に有効性が証明された疾患予防あるいは治療補助としての機能食品の製造が期待できる．

4.1.7 再 生 医 療

再生医療とは，機能不全に陥った臓器に培養した細胞や組織や生きた細胞を含む医療器具などを体内へ埋め込み，臓器や組織を再生・回復させる医療を指す．2.5節の発生と分化で述べたように幹細胞は各種の細胞への分化能力をもつため，再生医療では幹細胞を利用する技術が開発されつつある．臓器移植や人工臓器による医療に代わるあるいは補完する再生医療は今後ますます発展するであろう．本シリーズの「生体機能材料学」[6]にも再生医療が取り上げられているので参照されたい．

〔1〕 **実用化されているか実用化が近い技術**

（a） **造血幹細胞移植** 　造血幹細胞は血球（赤血球，白血球，血小板）をつくり出す成体幹細胞である．造血幹細胞は基本的には骨髄に存在するが，顆粒球コロニー刺激因子（G-CSF）を投与したときなどでは骨髄から全身の血液中に流れ出すことがあり，末梢（しょう）血幹細胞と呼ばれる．また，臍（さい）帯に含まれる臍帯血にも造血幹細胞が存在する．

これらの幹細胞の移植による治療は正常な血液をつくることが困難となる疾患（白血病，悪性リンパ腫，多発性骨髄腫，再生不良性貧血など）の患者に対して行われる．また，従来の治療に抵抗性のある難治性の自己免疫疾患に対して造血幹細胞移植を実施することもある．がん治療の際，免疫機能の低下に備えて患者自身の造血幹細胞をあらかじめ採取・保存して移植に用いる自家造血幹細胞移植の場合を除くと，移植に際しては患者と細胞を提供するドナーとの間でヒト白血球型抗原（HLA，2章参照）が一致，あるいは類似している必要がある．移植の方法には最も多い「骨髄移植」以外に「末梢血幹細胞移植」，

「臍帯血移植」が用いられる。

（b）**間葉系幹細胞移植と血管内皮前駆細胞移植**　骨髄には造血幹細胞以外に，間葉系幹細胞と血管内皮前駆細胞と呼ばれる細胞集団が存在することが発見された。間葉系幹細胞が，ES細胞に近い能力をもち，骨，軟骨，脂肪，心臓，神経，肝臓の細胞などになることが確認されたことがわかり，患者自身の骨髄の使用により，免疫拒絶反応や倫理上の問題もない。間葉系幹細胞を静脈注射しておくと，骨髄移植の際の拒絶反応を軽減できる可能性が報告され，間葉系幹細胞を含む骨髄細胞集団の動物移植実験では頻度は低いが，神経細胞や肝細胞への分化が誘導されたという研究報告もあり臨床実験が待たれている。

骨髄および末梢血に含まれる血管内皮前駆細胞が血管再生を著しく速めることがわかり，糖尿病性動脈硬化症，バージャー病，下肢閉塞性動脈硬化症患者への骨髄細胞を投与により壊死による足の切断を防ぐことが報告されている。

（c）**組織レベルでの再生医療**　臓器レベルでの再生医療はまだほとんど実用化に至っていないが，組織レベルでは実用化が進んでいる。

最も多いのは「培養皮膚移植」で重度の熱傷などの治療のため，皮膚の細胞を体外にて培養して移植に用いるもので，用いる細胞の由来により自家（本人の細胞）および他家（他人の細胞）移植に分けられる。そのほか，尿管，心臓弁，血管，腱，骨，軟骨，歯肉，粘膜，網膜，角膜などで開発が進んでいる。これらは単一の細胞からなる組織という特徴のため実用化しやすい。

（d）**歯科医療における再生医療**　歯科に関係する再生医療の技術としては，実用段階のものが培養骨，骨膜培養，歯肉培養，小唾液腺培養などがある。MSCという骨芽細胞を誘導して骨再生を促進させる細胞の培養による歯の再生が試みられている。

〔2〕**幹細胞を用いる技術**

（a）**培養幹細胞の種類**　ヒト体内における幹細胞については2.5.3項で述べた。幹細胞を利用するにはこれら幹細胞を *in vitro* で培養し，移植対象の器官・組織に分化させる必要がある。図4.2に示すように，現在樹立されて

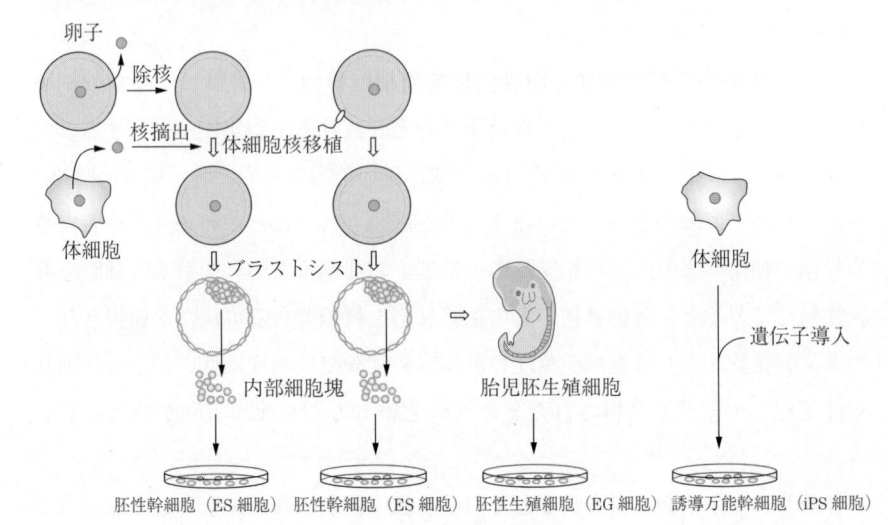

図中ラベル:
卵子 / 除核 / 核摘出 / 体細胞核移植 / 体細胞 / ブラストシスト / 内部細胞塊 / 胎児胚生殖細胞 / 体細胞 / 遺伝子導入 / 胚性幹細胞（ES 細胞）/ 胚性幹細胞（ES 細胞）/ 胚性生殖細胞（EG 細胞）/ 誘導万能幹細胞（iPS 細胞）

（a） クローン胚由来幹細胞　　（b） 受精胚由来幹細胞　　（c） 誘導万能細胞

図 4.2　培養幹細胞の種類

いる幹細胞はその由来によりいくつかに分類される。

　2.5 節の発生と分化で述べた胚盤胞（ブラストシスト）の内部細胞塊を培養した細胞は胚性幹細胞（embryonic stem cell, ES 細胞）と呼ばれ，分化万能性（pluripotent）を備えている。ES 細胞の材料となる胚の由来には 2 種類あり，体細胞の細胞核を細胞核を除いた卵細胞に移植して発生させた場合をクローン胚由来 ES 細胞，受精卵の発生による場合を受精卵由来 ES 細胞と呼ぶ。胚盤胞からさらに進んだ胎児（死亡した胎児や中絶した胎児など）の始原生殖細胞に由来する幹細胞の場合は胚性生殖細胞（embryonic germ stem cell, EG 細胞）と呼ばれる。

　これら胚由来の万能性幹細胞（pluripotent stem cell）とは別に，体細胞に分化能力を付与する遺伝子を導入して分化能力の高い細胞を得る研究が進んでいる。京都大学山中教授らは，マウスおよびヒト成人皮膚に由来する体細胞（線維芽細胞）に遺伝子（最初は 4 種類の遺伝子 Oct3/4，Sox2，c-Myc，Klf4 を，後にがん遺伝子 c-Myc を除いた 3 個の遺伝子）を導入して培養し，神経，心筋，軟骨，脂肪細胞，腸管様内胚葉組織など，さまざまな細胞へと分化が可能

な誘導万能幹細胞（induced pluripotent stem cell, iPS細胞）を得ることに成功した。iPS細胞は，さまざまな日本語（誘導多能性幹細胞，人工万能幹細胞，人工多能性幹細胞など）が当てられているが，多能性はmultipotentを意味するのでここでは上記の用語を用いる（2.5.3項参照）。

これら培養幹細胞の比較を表4.1に示した。

表4.1 再生医療に用いられる培養幹細胞の比較

（文部科学省 科学技術・学術審議会 第42回ライフサイエンス委員会の資料による）

幹細胞の種類		基礎研究	細胞の扱いやすさ	拒絶反応	臨床研究	安全面の課題	倫理面の課題
iPS細胞（induced pluripotent stem cell，人工多能性幹細胞）	iPS細胞	実施	さまざまな組織になりうる	ないと考えられている	未実施	腫瘍化等への対応が必要	生殖細胞作成の可能性
ES細胞（embryonic stem cell，胚幹細胞）	人クローン胚由来ES細胞	未実施	さまざまな組織になりうる	ないと考えられている	未実施	腫瘍化等への対応が必要	胚を滅失する生殖細胞作成の可能性
	受精胚由来ES細胞	実施	さまざまな組織になりうる	あり	未実施	腫瘍化等への対応が必要	胚を滅失する生殖細胞作成の可能性
体の皮膚・血液・神経・肝臓・筋肉等にある幹細胞（somatic stem cell，体性幹細胞）	体性幹細胞	実施	多くは一定の組織にしかならない	自己由来であればない	すでに実施（100件以上）	自己由来であれば少ない	特別な課題はない

（**b**）　**幹細胞の利用**　　培養幹細胞を用いることにより将来つぎのような分野での利用が考えられる。

① **細胞治療**　　幹細胞の分化誘導により骨髄，神経，心筋，膵臓β細胞などの器官・組織の再生が可能となる。現在，誘導可能な細胞には，血液細胞，神経細胞，心筋細胞，平滑筋細胞，血管内皮細胞，始原生殖細胞が知られており，上記の骨髄移植に代わる治療以外に変性性神経疾患，パーキンソン病，アルツハイマー病，心筋梗塞，糖尿病の治療に用いられるであろう。

② **細胞分化の基礎研究**　　ヒト細胞の発生・分化の基礎研究にはさまざまな段階の細胞や組織が必要である。培養幹細胞を利用することにより，それぞ

れの段階のトランスクリプトーム，プロテオーム，メタボローム解析が容易となり，人体の仕組みがより深く研究されることになろう。

③ **創薬および毒性試験のための薬剤テスト** 新規薬剤の開発には動物実験と人での臨床実験が欠かせない。ヒト幹細胞から必要な細胞に分化させた細胞・組織を用いて薬剤テスト（薬効検査，毒性検査など）を行うことにより臨床実験前の安全性を確かめることが可能となる。また，食品，化粧品の検査や化学薬品，天然物の人体に対する毒性のテストの基礎実験にも利用できる。

4.2 工業品分野

4.2.1 産業用酵素

食品産業，バイオマス産業，製紙産業，繊維産業，皮革産業，洗剤関連産業などのさまざまな産業で酵素やタンパク質製剤が使われている。ここでは医薬を除く種々の産業別に使用されている酵素とその用途を**表 4.2**に示した。詳細は本シリーズの「応用酵素学概論」[7]を参照されたい。

表 4.2 おもな産業用酵素（医薬用を除く）

用 途	酵素名
1. 糖質加工	
デンプンの液化，糖化	α-アミラーゼ，アミログルコシダーゼ（グルコアミラーゼ），プルラナーゼ
異性化糖製造	グルコースイソメラーゼ
各種オリゴ糖製造	フルクトース転移酵素，キシラナーゼ，β-ガラクトシダーゼ（ラクターゼ），β-フルクトフラノシダーゼなど
シクロデキストリン製造	シクロデキストリン合成酵素（シクロマルトデキストリン・グルカノトランスフェラーゼ）
2. 油脂加工	
油脂抽出の脱ガム処理	ホスホリパーゼ
エステル交換反応による油脂の改質	リパーゼ
キラル体合成原料の調製	リパーゼ
3. 醸 造	
麹の補強・代替	α-アミラーゼ，グルコアミラーゼ，ホスファターゼ
もろみの発酵・溶解促進	α-グルコシダーゼ，酸性プロテアーゼ

4.2 工業品分野

表 4.2 (つづき)

用途	酵素名
火入れの際のタンパク質混濁, 白ボケ防止	プロテアーゼ
麹のハゼ込み改善	セルラーゼ
日持ちの向上	リゾチーム
ビール製造	β-グルカナーゼ, α-アミラーゼ, プルラナーゼ, トランスグルコシダーゼ (α-グルコシダーゼ)
4. 飲料製造	
果汁の清澄・濾過改善	ペクチナーゼ
果汁褐変防止, 苦み除去	クルゲナーゼ (クロロゲン酸エステラーゼ)
茶飲料の混濁防止, 風味改善	タンナーゼ
コーヒー飲料のガム類粘度低下, コーヒー抽出率の向上	マンナーゼ
還元糖とアミノ基含有化合物のメイラード反応による褐変防止	グルコースオキシダーゼ, カタラーゼ
5. 製パン・製菓	
脂肪分解による乳化促進	リパーゼ
酸化剤代替	グルコースオキシダーゼ
パンの老化防止	アミラーゼ
グルテンネットワーク形成の促進	ヘミセルラーゼ
6. 乳製品製造	
チーズ製造	キモシン (レンニン)
乳糖分解	ラクターゼ
脂肪酸類による乳フレーバーの増強	リパーゼ
7. 水産加工	
フィッシュミール製造, イカ表皮除去	プロテアーゼ
漂白処理の過酸化水素除去	カタラーゼ
8. 甘み料・調味料製造	
アスパルテーム製造	サーモリシン
タンパク質系うまみ成分製造	プロテアーゼ, ペプチダーゼ, グルタミナーゼ
核酸系うまみ成分製造	ヌクレアーゼ, デアミナーゼ
9. バイオマス産業	
バイオエタノール製造	α-アミラーゼ, グルコアミラーゼ, エキソグルカナーゼ, エンドグルカナーゼ, ヘミセルラーゼ, β-グルコシダーゼ
キチンオリゴ糖・キトサンオリゴ糖製造	キチナーゼ, キトサナーゼ

表 4.2 （つづき）

用 途	酵素名
10. 製紙産業	
漂白促進剤	ヘミセルラーゼ
機械パルプのピッチ（樹脂）除去	リパーゼ
11. 繊維産業	
糊抜き	アミラーゼ
バイオポリッシング	セルラーゼ
インジゴの漂白代替	ラッカーゼ
漂白用過酸化水素除去	カタラーゼ
絹精錬の際の原糸外層タンパク質除去	プロテアーゼ
12. 皮革産業	
なめし加工前のベーチング（酵解）	細菌プロテアーゼ，トリプシン
脱毛，脱脂	プロテアーゼ，リパーゼ
13. 洗剤関連産業	
洗濯用洗剤	プロテアーゼ，リパーゼ，セルラーゼ
食器洗い機用洗剤	プロテアーゼ，リパーゼ，アミラーゼ
コンタクトレンズ洗浄剤・入れ歯洗浄剤	プロテアーゼ，リパーゼ

4.2.2 生分解性素材

プラスチック製品はわれわれの生活に便利なものであるが，安定で変化し難い性質のため，廃棄後，分解されずに環境を傷つけ，野生動物の命を脅かす危険性が高い。このため，一般に使用するプラスチックや，植生材料，農業用フィルム，包装容器などの農業資材などを廃棄後に生物により分解されるプラスチックに代替することが望まれている。また，生体内に留置する補綴材，縫合糸や，服用後に適当な時間で分解する製剤（ドラッグデリバリーシステム）などの医療用資材は使用後体内で分解される資材が望ましい。

以上の目的に適する生分解性資材には化学合成によるほか，天然高分子素材や，植物バイオマスから製造した資材も含まれるが，これらはバイオマスの項で述べ，ここでは非生物起源の材料から化学合成したものについて述べる。

大別すると脂肪族ポリエステルと芳香族ポリエステルに分かれる。前者には植物由来のものと石油由来のものがある。石油由来の非生物起源の脂肪族ポリ

エステルとしては，ポリブチレンサクシネート（PBS），ポリエチレンサクシネート（PES），ポリ（ブチレンサクシネート/アジペート）（PBS/A），ポリ（ブチレンサクシネート/カーボネート）（PEC），ポリカプロラクトン（PCL），ポリ（ε-カプロラクトンブチレンサクシネート）などが，また，芳香族ポリエステルとしてはポリ（ブチレンアジペート/テレフタレート）（PBAT），ポリ（テトラメチレンアジペート/テレフタレート）（PBAT），ポリ（エチレンテレフタレート/サクシネート）（CPE）などがあり，ほかにポリビニルアルコール（PVA），ポリグリコール酸（PGA）などがつくられている。

4.2.3 バイオマス

バイオマス（biomass）とはもともと生態学用語で，ある時空間中に現存する生物の物質量を示す用語であったが，バイオテクノロジーでは生物由来の資源量を指す。わが国では，地球温暖化防止，循環型社会形成などの観点から最近バイオマスを産業資源とみて利活用すべきと考えられ，「バイオマス・ニッポン総合戦略」が 2006 年 3 月 31 日に閣議決定された[8]。この中では『バイオマスとは，生物資源（bio）の量（mass）を表す概念で，「再生可能な，生物由来の有機性資源で化石資源を除いたもの」である』とされている。

バイオマスはその目的に応じていろいろな分類法がとられている。以下にいくつかの分類を挙げておく。

① **生物学的分類**　　植物バイオマス，動物バイオマス，微生物バイオマス
② **植生による分類**　　陸生バイオマス（林産および農産廃棄物），水生バイオマス
③ **含水率による分類**　　乾燥バイオマス（製材残材，建築廃材，間伐材，バガス，わら，ソルガム，ユーカリなど），含水バイオマス（食品加工廃棄物，糞尿，下水汚泥，海草類など）
④ **発生源による分類**　　栽培作物系バイオマス，廃棄物系バイオマス
⑤ **資源別分類**　　生産資源系バイオマス（陸生バイオマス，水生バイオマス），未利用資源系バイオマス（農林水産系未利用バイオマス，廃棄物

系バイオマス）

栽培作物系バイオマスは主に食料として利用されており，廃棄物系バイオマスをエネルギー原料や工業原料として有効利用するのがバイオマス利用の主目的であったが，近年，栽培系バイオマスであるトウモロコシなどのエネルギー資源としての利用が図られたため，食料とエネルギーとの間でバイオマスの争奪が問題となっている。

バイオマス全般の長所は
① 生物生産管理により再生産すれば持続可能な資源である
② 地域的に偏在せず，地域振興にも利する

といったものが挙げられる。

燃料源としての長所は
① 再生可能な自然エネルギーのなかでも，特に賦存量（経済的技術的に利用可能な資源量）が大きい
② 化石燃料に比べ燃焼時の大気汚染物質の発生が比較的少なく，環境的には植物起源のバイオマスはカーボンニュートラル（植物が大気中の二酸化炭素を吸収して体内に蓄積したもので，燃焼時にはそれを放出し，大気中の二酸化炭素は増加しないという考え方）と呼ばれる性質をもつ
③ チップ化，ガス化，液体化などによるエネルギー利用では他の自然エネルギーより備蓄しやすく，太陽光発電や風力発電より発電コストが低く発電年間稼働率が高い

などが挙げられる。

一方，注意すべき点としては
① 広く薄く資源が散在し，化石燃料に比べエネルギー密度が低い
② 食糧と競合するおそれがある
③ 持続的な利用のための資源調達が困難であり，また利用の仕方によっては生態系破壊や社会的問題となるおそれがある

などがある。

バイオマスの利活用技術は，エネルギーとしての利活用と製品資材としての

利活用の二つに大別される。

4.2.4 バイオマスエネルギー

バイオマスをエネルギー資源とするには以下に挙げるように多種の方法があり，バイオマスの種類，立地条件，コストなどにより最適な方法を選ぶ必要がある。また，これら各種の方法を組み合わせることにより効率的な処理が可能となる。

〔1〕 **藻類による炭化水素生産**

微細藻類のなかには炭化水素を蓄積する *Phaeodactylum, Dunaliella, Monallatus, Tetraselmis, Isochrysis, Botryococcus braunii* などが知られており，オイルシェール（油母頁岩）中には *Botryococcus* などの化石が含まれることから，石油の起源である可能性もある藻類である。油分を含む植物（ヒマワリ，アブラナ，アブラヤシなどの生産量が1〜6トン/ヘクタール/年であるのに比べて炭化水素含有微細藻類の生産量は47〜140トン/ヘクタール/年といわれているので，これらの藻類を大量培養して軽油などの炭化水素燃料を得ようとする試みが行われている。今後の課題は培養と抽出コストの低減である。

〔2〕 **バイオエタノール**

バイオエタノール（バイオマスエタノールとも称する）は，植物由来のバイオマスから生成されるエタノールを指し，主として発酵によりつくられるが，従来の合成エタノールの対語としての醸造エタノールは含まない。

エタノール発酵を最も効率的に行う微生物は酵母であるが，酵母が代謝できるのはグルコースや他の少糖類しかない。サトウキビ，モラセス（精糖を分離したあとの廃糖蜜），テンサイのような糖質原料はそのまま発酵原料となる。デンプン，セルロースはともにグルコースの重合体であるが，結合が異なり前者はアミラーゼにより容易に分解され発酵原料化が可能であるが，後者は分子間の水素結合が強固で酵素分解されにくい（2章参照）。

デンプン原料としてはトウモロコシ，サツマイモ，キャッサバ（タピオカ），

ソルガム（モロコシ，こうりゃん），ジャガイモ，サツマイモ，麦などがある。食料資源としての利用と競合するとも考えられるが，食料としては適さず，多収量のデンプンを多量に含む植物の資源植物としての栽培も今後考えられよう。

食料と競合しない点ではセルロースの糖化による糖質生産は有望であるが，結晶性の高いセルロースを効率的に糖化する方法がいまだ模索されている段階である。セルロース系バイオマスとしては木質廃材（製材工場等端材，林地残材，建築廃材）で，主要成分はセルロース約50％，ヘミセルロース約25％およびリグニン約25％であり，リグニンを含んだセルロースをリグノセルロースと称する。セルロース加水分解酵素であるセルラーゼは細菌や植物に広く存在している。*Clostridium thermocellum* はセルロソーム（cellulosome）と呼ばれるセルラーゼ複合体を形成して高いセルラーゼ活性を保持しており，また，*Trichoderma reesei* は複数のセルラーゼ（数種類のエンドグルカナーゼとセロビオハイドロラーゼ）とヘミセルラーゼからなるタンパク質を分泌するセルラーゼ高生産菌で，これら高効率のセルラーゼによるセルロース糖化の開発が望まれている。

木質資源の分解前処理には最近，超臨界水法・加圧熱水法による分解が注目されている。

木質資源以外では最近，海藻を培養してバイオマスエネルギー資源としようとする計画が進んでいる。成長の速い大型海藻としてはジャイアントケルプ，マコンブ，ホンダワラなどが挙げられるが，外来種でないマコンブ，ホンダワラが有望視されている。ホンダワラは最近養殖技術が確立され，バイオエタノール製造・ガス化合成液体燃料（BTL）製造に応用する計画がある。

バイオエタノールは，自動車のエンジンなど内燃機関の燃料として利用されるのがほとんどである。その場合，同量のガソリンより熱量が小さい（約66％），水との親和性が高く，結露水などを取り込み，エンジンや燃料供給装置に使われているアルミニウム，ゴム，プラスチックを腐食する，などの問題点が挙げられている。

4.2 工業品分野

〔3〕 バイオディーゼル燃料（BDF）

さまざまな油脂からつくられるディーゼルエンジン用燃料の総称である。油脂を軽油に近い物性をもつ脂肪酸メチルエステル（FAME）などに変換したものである。用いられる油脂は菜種油，パーム油，オリーブ油，ヒマワリ油，ダイズ油，米油，アブラヤシ油，ココヤシ油などの植物油，魚油や牛脂などの獣脂，また，使用済みの天ぷら油などの廃食用油などで，メタノールと触媒を加えてエステル交換反応を行わせ，中和後，脂肪酸メチルエステルとグリセリンに分離させて製造する。

最近，上記の方法と異なり，石油精製の水素化処理技術を応用して原料油脂を分解し，その過程で同時に不純物を除去してつくる水素化処理油（BHD）が新日本石油株式会社とトヨタ自動車株式会社により研究開発され，バスの営業運行における実証実験が行われている。

〔4〕 メタン発酵

嫌気性細菌により有機物を分解し，メタンに変換する発酵プロセスをいう。利用するバイオマスとしては家畜排泄物，食品廃棄物，下水汚泥のほか，大型海草類（ジャイアントケルプ，マコンブなど）やポリ乳酸生分解性プラスチックの利用が試みられている。メタン発酵はすでに実用化されている湿式メタン発酵と現在実証実験中の乾式メタン発酵に大別される。

① **湿式メタン発酵** 水分90％程度の半液体状（固形分量10重量％以下）で家畜糞尿などをメタン発酵槽内で発酵させる方法で，発酵後は処理廃液（メタン消化液，余剰汚泥）と呼ばれる残渣(ざ)が生じる。この方法には加水するために処理容量が増加すること，攪(かく)拌(はん)エネルギーを必要とすること，処理廃液の固液分離および水質汚濁対策が必要であることなどの問題点がある。

② **乾式メタン発酵** 水分80％程度の半固形状態（固形分量20～40重量％）で発酵させる方法で，メタン生成が発酵槽内に充填(てん)された固体表面で起こる点が上記の方法と異なる。メタン発酵後の残渣がほとんどなく，処理廃液の課題が解消される。発酵槽内のバイオマス濃度を高く設定でき，固形物を連続式押し出し流れによる投入が可能になるなど，メンテナンスが容易になり，

実用化が待たれる。

〔5〕 **直接燃焼（木質ペレット，木質チップ）**

　製材工場などの端材，林地残材，建築廃材などの木質系廃棄物のエネルギー資源としての利用方法の一つとして実用化されている。「ペレット」はおもに樹皮やおがくずを粉々に砕き乾燥させ熱を加えて成形機で粒状に固めた円柱形の燃料で，「チップ」は木材を幅 2 cm，長さ 3 ～ 7 cm ぐらいにカットした燃料をいう。伐採された木材から生産したばかりのチップは含水率が高く「生チップ」と呼ばれる。木材をそのまま利用するよりもこのような加工を施すことでより使いやすく燃焼効率もよい燃料となる。これらがつくられる工程ではよけいな物質は一切加えられず，木自身がつくり出す物質により固形化しているので燃焼時に汚染物質などを出さない。発熱量当り単価は電気，重油，灯油と比較して安価であり（ペレット製造に必要なエネルギーはペレット発熱量の 18 ～ 35 %），最近の急激な石油価格の高騰に対処できる身近なバイオエネルギー材である。専用のストーブやボイラーの燃料として使われている。現在，木質ペレットの品質や成分などの公的規格はなく（財）日本燃焼機器検査協会，ペレットクラブ，岩手県などの自主的規格によるが，林野庁が規格導入を目指している。

〔6〕 **熱化学的変換（ガス化，液化）**

　バイオマスに熱や圧力を加えるか，ガス化剤と接触させることにより気体・液体燃料や化学製品などに変換する方法である。熔融ガス化法，部分酸化ガス化法，低温流動層ガス化法があり，そのほか，超臨界水ガス化，スラリー化・水蒸気改質などが開発されている。

4.2.5 バイオマス資材

　未利用バイオマスから各種有用資材を得る技術を紹介する。

〔1〕 **堆肥化，飼料化**

　家畜排泄物，生ごみ，下水汚泥，廃食油などから堆肥をつくることが可能であるが，原料の安定供給と製品である堆肥の肥料取締法などに基づいた肥料の

安全性や品質の確保,利用しやすい形・性状での提供体制の構築が課題である。生ごみ発電のバイオマス残渣,廃棄バイオマスプラスチック製品の有効利用になろう。4.4.3項のコンポストを参照されたい。

食品残渣を乾燥・粉砕・発酵して,豚や鶏などの家畜飼料として利用することが可能である。飼料安全法などに基づいた飼料の安全性や品質の確保が課題で,BSE（牛海綿状脳症）問題から,動物性油脂,魚粉や肉骨粉などの食品残渣は動物性タンパクの混入の危険のため牛の飼料に利用できないなどの問題もある。

〔2〕 **バイオマスプラスチック**

バイオマスプラスチックとは,再生可能な有機資源としての生物資源（バイオマス）を原料として化学的または生物学的な合成法によりつくられたプラスチックのことであり,バイオプラスチック,バイオベースポリマー,植物原料プラスチック,植物原料樹脂とも称される。類似の範疇としては生分解性プラスチックやバイオベースマテリアルもある。図4.3にバイオプラスチックと関連プラスチックとの関係を示した。

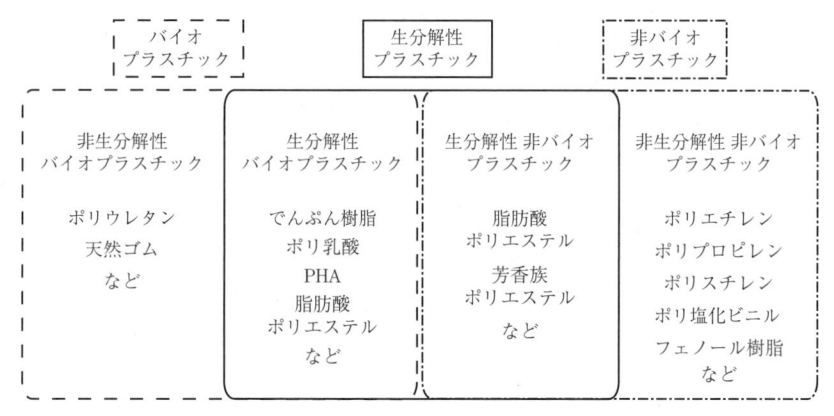

バイオプラスチック	生分解性プラスチック	非バイオプラスチック
非生分解性バイオプラスチック	生分解性バイオプラスチック	生分解性 非バイオプラスチック	非生分解性 非バイオプラスチック
ポリウレタン 天然ゴム など	でんぷん樹脂 ポリ乳酸 PHA 脂肪酸ポリエステル など	脂肪酸ポリエステル 芳香族ポリエステル など	ポリエチレン ポリプロピレン ポリスチレン ポリ塩化ビニル フェノール樹脂 など

図4.3 バイオプラスチックと関連プラスチック

バイオマスプラスチックにはつぎのような種類がある。

(a) **バイオマス生体高分子を加工した製品**

① **変性デンプン** 生分解プラスチックの製造に適合するようにデンプ

原料を加工したものである。デンプン加工製品全体（食品分野などを中心に）では加工デンプン，化工デンプンなどともいわれる。加工方法は物理変性（α化），化学変性，複合変性（エステル化，多糖類結合など）がある。

② **セルロース加工品**　カルボキシメチルセルロース，酢酸セルロースなどエステル化などによる。

③ **キチン，キトサン**　キチンはデンプンやセルロースと類似のD-グルコース誘導体（N-アセチルグルコサミン）をモノマーとする生体高分子で甲殻類（エビ，カニなど），節足動物（昆虫など）の外骨格，キノコなど菌類の細胞壁に含まれる。ポリマー鎖どうしの水素結合が強固な硬質ポリマーのため，未利用率が高いバイオマスである。キトサンはキチンのアセチル基が加水分解され部分的に除去されたもので，希塩酸や希酢酸に可溶なためキチンと比較して加工性に富む。

健康食品素材としての利用が多いが，抗菌防臭繊維などとしての利用もされている。今後さらなる利用が望まれる。

（**b**）**微生物生産高分子による製品**　微生物生産高分子は微生物が合成し体内に蓄積するポリヒドロキシブチレート（ポリ（3-ヒドロキシ酪酸），PHB）や，ポリヒドロキシバリレート（ポリヒドロキシ吉草酸）などの（脂肪族）バイオポリエステル類（ポリヒドロキシアルカノエート（PHA））が中心となっている。PHB生産菌としては *Alcaligenes eutrophus*（*Ralstonia eutropha*），*Alcaligenes latus*，*Azotobacter chrococcum* などが知られている。

本来ポリエステルをつくらない大腸菌やらん藻を遺伝子組換えにより改変して，これらの高分子をつくらせる技術も開発されている。

（**c**）**バイオマス由来のモノマーを重合させたポリエステル製品**　ポリ乳酸（PLA，ポリラクチド）はトウモロコシなど穀物類デンプンを加水分解して得たグルコースの発酵によるL-乳酸をエステル結合により重合ポリマー化したものである。耐熱性と耐衝撃性が既存のプラスチックに劣ることから，ポリ乳酸と相溶性のよいポリメタクリル酸メチルやポリカーボネート，あるいは植物「ケナフ」の繊維などとの複合体がつくられている。また，ポリ乳酸の結晶

構造や分子構造を変えて物性を向上させる試みもある。生体材料としてポリ乳酸系ハイドロゲル/ハイドロキシアパタイト複合体などもつくられている。

　バイオマス（主として炭水化物）から生物変換（微生物による資化）によりポリエステルやポリオールなどの原料となる 1,2-プロパンジオール（プロピレングリコール），1,3-プロパンジオール，2,3-ブタンジオール，1,4-ブタンジオールなどのさまざまなジオール類をつくることができる。ことに，1,3-プロパンジオールはポリトリメチレンテレフタレートの原料で，化学工業生産でも高コストな物質なので重要である。1,4-ブタンジオールからはポリブチレンアジペートテレフタレート（PBAT）がつくられる。また，発酵で得られたコハク酸をモノマー原料にしてポリブチレンサクシネート系プラスチック（PBS, PBSA）がつくられるなど，石油化学製のモノマーをバイオマス由来のものに切り替えたプラスチック生産が行われつつある。

〔3〕 機能性食品や化学製品の原料の製造

　食品廃棄物，水産加工残渣などの海洋バイオマス，農作物非食用部などから食物繊維や γ-アミノ酪酸（GABA），コラーゲン（化粧品の原料），キトサン（抗菌繊維の原料，機能性食品原料），DHA・EPA（機能性食品原料）などが抽出されている。そのほか，触媒により糖からフルフラールや 5-ヒドロキシメチルフルフラール，およびレブリン酸などの工業的有価物を得る技術も研究されている。

4.3 農林水産・食品分野

4.3.1 DNA 検査・遺伝子診断

〔1〕 遺伝子組換え食品検査（GMO 検査）

　食品については厚生労働省通知「組換え DNA 技術応用食品の検査方法について」に基づき，食品および原材料（米，ダイズ，パパイヤ，トウモロコシ，ジャガイモなど）中の遺伝子組換え作物（GMO）混入の有無の遺伝子検査が行われている。また，飼料についてはわが国の 2007 年度における濃厚飼料の 90％は輸入品で[9]，その中には組換え体も含まれる。わが国では「組換え体

利用飼料の安全性評価指針」および「飼料および飼料添加物の成分規格等に関する省令」に基づき，安全性を審査している．現在，安全性が確認された組換えDNA技術応用飼料はナタネ（15品種），トウモロコシ（17品種），ダイズ（5品種），ワタ（10品種），テンサイ（3品種）およびアルファルファ（2品種）の計52品種である[10]．これ以外の品種が飼料に混入しているかどうかがDNA検査で確認されている．

〔2〕 品種特定検査・原産地判定検査

2009年現在，米（400品種以上），ダイズ（100品種以上），コムギ（50品種），オオムギ（15品種）の種籾品種検査や加工品の原材料品種のDNA分析が可能である．鰻（8種）の種類や肉種判別検査（牛肉，豚肉，鶏肉など），魚種判別検査などが可能である．

〔3〕 生物種同定検査

数百塩基のミトコンドリアDNA配列の解析により動物（哺乳類・鳥類・魚類），植物の検査が可能である．

〔4〕 病害菌・病害虫診断

食品などの安全性評価・原因究明のために塩基配列解読が可能であるが，今後のデータベースの拡充が必要である．

4.3.2 植物分野（農作物・花卉・菌類・藻類などを含む）

〔1〕 遺伝子組換え以外の新技術による品種改良

作物の品種改良や優良種苗の増殖に組織培養，胚培養，葯培養などの技術が盛んに利用され，組換え農作物も商品化されつつある．

組織培養によるイチゴ，イチゴ，サトイモ，スイカ，トマトなど，葯培養によるイネ，イチゴ，ブロッコリーなど，胚培養を利用したユリ，小麦，カボチャ，柑橘類，ナタネ，細胞融合を利用したナス，ヒラタケ，プロトプラスト培養を利用したイネ，ジャガイモなど多くの作物が作出されており，これらの技術はすでに広く産業に利用されている．

茎頂培養などでつくり出されたウイルスフリー苗も広く実用化されイチゴで

は全国の栽培面積の約7割で利用されており，ウイルスフリー苗の生産・供給施設は全国で150箇所あまり設置されている（2001年資料による）。

バレイショではウイルスフリーの無菌培養系で0.1～1グラム程度の小塊茎（マイクロチューバー）を形成させ，病原体をもたない，コンパクトで安心な遺伝資源とするマイクロチューバー法が普及している。

海藻では近年，種間交雑や栄養細胞からのプロトプラスト再生による新品種やプロトプラストの細胞融合などによる耐病性品種などの作出も試みられているが実用化には至っていない。

〔2〕 **遺伝子組換え技術による品種改良**

遺伝子組換え農作物（GMO）は世界的にさまざまなものがすでに実用化され市場に出回っているが，わが国では反対意見が多く，栽培はされていない。

2008年の世界における遺伝子組換え作物の総栽培面積は1億2500万haで，2008年の遺伝子組換え作物国別栽培状況を**表4.3**に示した。

作物別に見ると，ダイズ6580万ha（世界の遺伝子組換え作物栽培面積の53％，ダイズ全栽培面積の69％），トウモロコシ3730万ha（世界の遺伝子組換え作物栽培面積の30％，トウモロコシ全栽培面積の24％），ワタ1550万ha（世界の遺伝子組換え作物栽培面積の12％，ワタ全栽培面積の46％），ナタネ590万ha（世界の遺伝子組換え作物栽培面積の5％，ナタネ全栽培面積の20％）である。これらの農作物の作付面積の推移を**図4.4**に示した。

わが国では栽培はされていないが，多くの輸入農作物に遺伝子組換え体が含まれ，4.3.5項〔2〕にわが国で消費されている遺伝子組換え農作物をまとめた。

以下に代表的な商品化された遺伝子組換え農作物とわが国で開発中の遺伝子組換え農作物を挙げておく。

（a） **除草剤耐性作物** 微生物や植物の芳香族アミノ酸の生合成反応経路にあるシキミ酸経路中の5-エノールピルビルシキミ酸-3-リン酸合成酵素（EPSPS）の阻害剤であるN-（ホスホノメチル）グリシン（一般名：グリホサート；イソプロピルアミン塩の商品名：ラウンドアップ）が非選択型除草剤

表 4.3 遺伝子組換え作物国別栽培状況（2008 年）

順位	国 名	栽培面積〔ha〕	対前年比増〔%〕	おもな栽培作物名
1	米 国	62 500 000	8	ダイズ，トウモロコシ，ワタ，ナタネ，スクワッシュ，パパイヤ，アルファルファ，テンサイ
2	アルゼンチン	21 000 000	10	ダイズ，トウモロコシ，ワタ
3	ブラジル	15 800 000	5	ダイズ，トウモロコシ，ワタ
4	インド	7 600 000	23	ワタ
5	カナダ	7 600 000	9	ナタネ，トウモロコシ，ダイズ，テンサイ
6	中 国	3 800 000	--	ワタ，トマト，ポプラ，ペチュニア，パパイヤ，甘唐辛子
7	パラグアイ	2 700 000	4	ダイズ
8	南アフリカ	1 800 000	--	トウモロコシ，ダイズ，ワタ
9	ウルグアイ	700 000	40	ダイズ，トウモロコシ
10	ボリビア	600 000	--	ダイズ
11	フィリピン	400 000	33	トウモロコシ
12	オーストラリア	200 000	100	ワタ，ナタネ，カーネーション
13	メキシコ	100 000	--	ワタ，ダイズ
14	スペイン	100 000	--	トウモロコシ
15	チ リ	36 000	--	トウモロコシ，ダイズ，ナタネ
16	コロンビア	28 000	--	ワタ，カーネーション
17	ホンジュラス	9 000	--	トウモロコシ
18	ブルキナファソ	8 500	--	ワタ
19	チェコ共和国	8 380	--	トウモロコシ
20	ルーマニア	7 146	--	トウモロコシ
21	ポルトガル	4 851	--	トウモロコシ
22	ドイツ	3 173	--	トウモロコシ
23	ポーランド	3 000	--	トウモロコシ
24	スロバキア	1 900	--	トウモロコシ
25	エジプト	700	--	トウモロコシ

国際アグリバイオ事業団（ISAAA, International Service for the Acquisition of Agri-biotech Applications）の資料による

として商品化されているが，この EPSPS 遺伝子を部分的に変化させた mEPSPS 遺伝子を導入してグリホサートの影響を受けない mEPSPS タンパク質をつくるグリホサート耐性作物が開発された．また，植物の窒素代謝により生成したアンモニアをグルタミン酸と結合させるグルタミン合成酵素（GS）

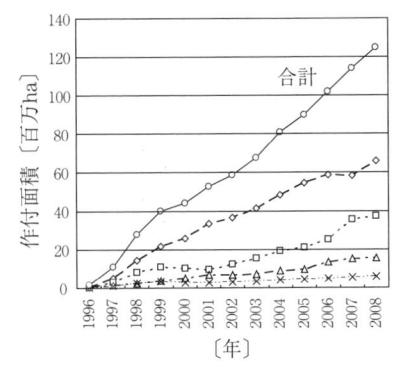

図 4.4 主要遺伝子組換え農作物の作付面積の推移

1996年から2008年にわたるダイズ,トウモロコシ,ワタ,ナタネの世界における作付面積。バイテク情報普及会の資料による。

の活性を阻害するホスフィノトリシン(PPT,一般名:グルホシネート)は植物にアンモニアを蓄積させ枯死させる。これを含む除草剤に対する耐性作物として一般土壌微生物である *Streptomyces viridochromogenes* に由来するホスフィノトリシンアセチルトランスフェラーゼタンパク質(patタンパク質)を発現させる pat 遺伝子を挿入した作物が開発された。このタンパク質はホスフィノトリシンをアセチル化により不活化するので,グルホシネートを散布してもグルタミン合成酵素が阻害されず生育する。オキシニル系除草剤(3,5-ジヨード-4-オクタノイルオキシベンゾニトリル(アイオキシニル)やヨウ素を臭素に置換したブロモオキシニルなど)は植物の光合成経路での電子の流れを遮断する生育阻害である。オキシニル系除草剤耐性作物は,オキシニル類を活性成分とする除草剤を加水分解するニトリラーゼを発現する oxy 遺伝子を導入し,オキシニル系除草剤の影響を受けずに生育するようにしたものである。除草剤耐性作物の栽培中に,除草剤を1〜2回散布するだけですむため,除草の手間が減り栽培コストも削減できるとされる。

(b) **害虫抵抗性作物**　害虫抵抗性作物は,もともと土壌に生息している *Bacillus thuringiensis* (Bt菌)の Bt 遺伝子が導入されたもので,δエンドトキシンという殺虫成分(Btタンパク質)を作物体内でつくらせることにより,害虫の被害を受けにくいトウモロコシ,ナタネ,ジャガイモ,ワタなどが開発された。この殺虫成分は特異性が高く,チョウ目の害虫にしか効果がな

く，哺乳類や鳥類などの脊椎動物には無害である。

（c） **病害抵抗性耐性作物**　ウイルス感染は，作物に害虫以上に決定的なダメージを与える。植物がウイルスに感染すると，同種のウイルスには二重には感染しないという性質を利用し，ウイルスの外被タンパク質を作物に導入することによりウイルス耐性作物がつくられている。ハワイ島でウイルス病によりパパイヤに壊滅的な被害が発生したため，パパイヤ・リングスポット・ウイルス外被タンパク質遺伝子の導入により抵抗性品種が育成され，ウイルス病抵抗性パパイヤやスクワッシュ（カボチャの一種）が商品化されている。

わが国ではイネ縞葉枯(しまはがれ)ウイルス・外被タンパク質遺伝子（イネ），ジャガイモ葉巻ウイルス外被タンパク質遺伝子（ジャガイモ），TMV 外被タンパク質遺伝子（トマト），CMV 外被タンパク質遺伝子（トマト），CMV 抵抗性サテライト RNA 遺伝子（トマト）の各作物への導入による抵抗性品種の開発が行われている。

ウイルス以外の作物の病害についても抵抗性品種の開発が試みられており，わが国ではイネにイネキチナーゼ遺伝子を導入した，いもち病抵抗性品種の作出やキチナーゼ遺伝子の導入によるキウリの灰色カビ病抵抗性品種の開発などが行われている。

（d）　**成分・機能などの改良作物**　イネを主食とする東南アジアでは，夜盲症などビタミン A 欠乏症で苦しむ人が多い。そこで，ビタミン A 前駆体である β カロテンの含有率の高い米，ゴールデンライスが開発されている。ゴールデンライスの特許は，開発にあたった複数の企業から無償で国際機関に提供されている。また，アンチセンスグルテリン遺伝子の導入による低タンパク質（低グルテリン）イネ，アントラニル酸合成酵素 α サブユニット改変型遺伝子の導入による高トリプトファン含量飼料用イネ，フェリチン遺伝子導入による高鉄含有レタスなどの開発が行われている。

ダイズには約 20％の脂質が含まれ，オレイン酸（18：1）やリノール酸（18：2）といった不飽和脂肪酸がその主成分となっている。オレイン酸からリノール酸を合成する $\omega 6$- デサチュラーゼの遺伝子が単離された。コサプレッ

ション法（標的遺伝子自身を導入した際に，標的遺伝子の発現が極端に抑制される現象を利用した方法）を利用してω6-デサチュラーゼの遺伝子導入による遺伝子サイレンシングにより内在の遺伝子の発現を抑制し，オレイン酸含量が3倍以上も増加したダイズが作出された。

「花嫁が青いものを身に付けると幸せになれる」というヨーロッパの言い伝えなどから，わが国でも結婚式には，青い花の入ったブーケが人気であるが，青色のカーネーションや，バラがなかった。そこで，ペチュニアの遺伝子を導入して青色のカーネーションが，その後，パンジー由来の青色色素であるデルフィニン／デルフィニジン（アントシアニン／アントシアニジンの一種）をつくり出すために必要な酵素の遺伝子を導入した青色のバラが開発された。

（e）そのほかの改良作物 トウモロコシなどC_4型光合成を行うC_4植物はC_4経路によって効率よく炭酸固定が進むため，イネなどC_3植物と比べると効率よくCO_2を固定することができる。そのため，トウモロコシ・C_4型PEPC（ホスホエノールピルビン酸カルボキシラーゼ）遺伝子を導入して高光合成能のイネを作出する研究が行われている。

植物には，多くの環境ストレス耐性遺伝子やストレス応答を制御する転写因子遺伝子の存在が知られている。これらの遺伝子（群）の導入により不良環境（乾燥，塩害，凍結，低温，高温など）耐性の作物の開発が行われている。

花や果実の成熟・老化制御を図るため，エチレン合成酵素遺伝子の導入によるコサプレッションを利用したエチレン合成量の低下や，1-アミノシクロプロパンカルボン酸（ACC）からエチレンへの反応を触媒するACC合成酵素の遺伝子のアンチセンス遺伝子やセンス遺伝子を導入することで，エチレン生成が抑制され，成熟・老化が進行しにくい組換え体を作出する研究も進んでいる。

4.3.3 畜産分野

〔1〕受精卵（胚）移植と体外受精

雌牛は生涯に10頭程度しか仔牛を産めないため，どんなに優れた能力をもった雌牛でも，その仔牛を短期間に大量に増やすことは難しかった。受精卵

移植技術により，現在は一生に生産する数の仔牛を受精卵移植技術により1年で生産することが可能である。雌牛は卵巣内に何万個という原始卵胞をもちながら，一生涯に7～8頭の仔牛しか生まないが，各種の性腺刺激ホルモンを雌牛に注射することにより多数の卵子の発育と排卵を誘起する方法（過剰排卵処理）が開発され，遺伝的に優れ，優秀な能力をもった雌牛（供卵牛）から多数の受精卵を回収し，他の雌牛（借腹牛）の子宮を借りて一度に多数の仔牛の生産が可能となった。わが国の受精卵移植は，凍結卵利用率が約8割である。

家畜の卵巣から卵子を採取し，これを人工的環境下で成熟，受精させ，移植可能なステージまで発育させる技術が体外受精技術である。牛の体外受精技術は，胚移植を支える主要技術として定着し，年間約1万頭の体外受精由来牛が生産されている。関連して牛初期胚の雌雄判別が開発され事業化されている。

ブタの受精卵移植技術は，ブタが1回の通常の交配による分娩で，平均10頭以上の子ブタが生まれ，1年に2回の分娩が可能なため，ブタの受精卵移植技術は産業的な面であまり重要視されていなかったが，オーエスキー病に汚染されたブタ群を受精卵移植技術を応用することによって清浄化することに成功したことから，疾病制御の技術としてその実用価値が評価された。また，最近では，ブタ（特にミニチュアブタ）が，医学用の実験動物として再評価され，ヒトの遺伝子を導入した疾患モデル動物，ヒトへの臓器移植のための臓器供給動物としての利用などに応用され，それらの基盤技術となる受精卵移植技術の重要性が見直されている。

〔2〕 クローン動物

① **受精卵クローン**　　卵割期受精卵の割球1個と除核した未受精卵子を融合させることによって同一遺伝子構成の受精卵を複製する技術（核移植技術）が開発され，一般には受精卵クローン技術（あるいは初期胚クローン技術）と呼ばれている。受精卵クローン牛について，これまでの生産実績は600頭以上に達し，三つ子以上の受精卵クローン牛の生産割合も増加している。

② **体細胞クローン**　　体細胞クローン技術では，上記の卵割期受精卵の割球の代わりに，いわゆる特定の組織に分化した細胞を供与核として，除核した

未受精卵子と融合させることによって移植可能受精卵をつくることができ，それを借り腹牛に移植することによって仔牛を得る。牛のクローンの生産頭数は体細胞クローン，受精卵クローンともにわが国が世界的にみて多いと思われる。

そのほかのクローン動物に関しては，体細胞クローンブタ（2000年7月，報告では世界初，出産例としては世界2例目），体細胞クローンヤギ（2000年8月）の作出にも成功しており，臓器移植用・実験モデル用のブタや乳汁に有用物質を生産するヤギなどの開発を目指した研究が行われている。

体細胞クローンと受精卵クローンに共通の課題として，現在の核移植技術では除核した未受精卵子を用いるので，未受精卵子の細胞質中のミトコンドリアDNAの影響および細胞質と移植される核との相互作用の解明がある。

〔3〕 **遺伝子組換え家畜・疾患モデル用などの組換え実験動物**

医薬品の開発や治療法の開発，また再生医療の研究などの分野では，実験動物としての家畜の利用が強く期待されている。ブタは解剖学的，生理学的にヒトに近く疾患モデルや移植医療用のモデルとして期待される。そのため，これら家畜の遺伝子組換えが期待されるが，従来の遺伝子導入法による遺伝子組換え家畜の作出は効率が低く実用的ではなかった。近年，体細胞クローン技術が進歩したため，これと遺伝子導入技術とを組み合わせることにより，培養体細胞への遺伝子導入と導入遺伝子の発現確認が容易となってきた。まず，体細胞への遺伝子導入を行い，導入された細胞を選抜後，体細胞核移植によってクローン胚をつくり，借り親へ移植することで遺伝子組換え家畜を得られる。

現在，遺伝子組換えブタと遺伝子組換えヤギの生産に成功している。ブタではヒトの補体制御因子を導入したブタの細胞で導入したヒト型遺伝子の発現されていることが確認され，ブタ細胞をヒトへ移植した際の免疫反応を抑制させる可能性が示された。また，ヤギの乳汁中に生理活性物質などを分泌させ医薬原料としての生理活性物質やタンパク質などの有用物質を効率的に生産するシステムの開発が期待される。

ブタのゲノム解析研究が農業生物資源研究所，STAFF研究所などで推進されており，今後，各種の家畜のゲノム解析により疾患モデル用などの組換え実

験動物を含む遺伝子組換え家畜の作出など，遺伝子を利用した畜産バイオテクノロジー技術の開発が進むであろう。

4.3.4 水産分野
〔1〕 全雌生産，三倍体の生産

水産生物ではサケ，マス類のイクラ，チョウザメのキャビア，といったように，その卵に高い商品価値のあるものがある。また，雌雄で成長が異なるため全雌，全雄生産が望まれる魚種もある。また多くの魚介類は成熟に伴い，また産卵期を迎えると肉質が低下してくるため，養殖魚介類の全雌生産，三倍体の生産が進んでいる。

全雌種苗は遺伝的雌の生まれたばかりの稚魚に雄性ステロイドであるメチルテストステロン入りのえさを与え機能的雄にして，この精子で正常受精させることにより得られる。

三倍体は，通常は不妊となるので，成熟に使われるエネルギーが成長に用いられ，大型化，品質向上などに効果が認められる。魚類では媒精した卵を異常な温度で処理する温度ショック法と圧を加える加圧処理法などの物理的方法が多く使用され，貝類などではサイトカラシンBやカフェインなどで処理する化学的方法がとられることが多い。

三倍体魚などの利用においては1992年7月に制定の「三倍体魚等の水産生物の利用要領」（水産庁長官通達）に基づいて行なわなければならない。この要領では，三倍体魚などの利用は原則として養殖業に限定し，自然水域への放流は行わないこととしており，生産事業者は，事前に生殖能力などの生物的特性の評価し，水産庁長官の確認を受けた魚種に限り生産することが可能である。

魚類においては，全雌ヤマメ・ヒラメ，全雌三倍体ニジマス・サクラマスなどで雌性発生，全雌生産および三倍体（同質三倍体，異質三倍体）の生産が進んでいる。信州サーモンは4倍体ニジマスの雌とブラウントラウトの雌を性転換させた雄からすべて雌の異質三倍体としたものである（長野県水産試験場）。絹姫サーモンは愛知県水産試験場がホウライマス雌とアマゴ雄の交配によるニ

ジアマ（略称），およびホウライマス雌とイワナ雄を交配させたニジイワ（略称）の総称で，通常生育しないこれら交配種を受精した卵を 26℃ぐらいの温水に約 20 分間保つ三倍体化処理により生育を可能にし，成熟することなく肉質が安定化した異質三倍体魚である。

貝類においては，三倍体のマガキ（広島県）が商品名「カキ小町」として生産販売されている。牡蠣（かき）は夏に産卵期に入りグリコーゲンの量が減って実にまずくなり食用に適さない。三陸や北海道のカキは産卵期は 1 度であるが暖地の広島は 2 度の産卵期があるため回復が遅く身入りが悪い。広島県水産試験場ではカフェインを溶かした海水に受精卵を漬けて三倍体化し，大粒牡蠣の生産に成功した。

〔2〕 そのほかのバイオテクノロジー技術の利用

フィブロネクチンは動物の細胞接着性糖タンパク質で結合組織，基底膜，血漿（しょう）や他の体液中に存在する。真珠養殖の核入れ作業（挿核手術）の際，真珠の元となる核をアコヤ貝の体内に入れ，別のアコヤ貝の外套膜を細かく切った細胞を核に付着させる。この細胞が溶けて核の周りに真珠層をつくるが，この核，外套膜の接着をよくするために，遺伝子組換え技術でつくられたフィブロネクチンが用いられている。

また，エビ・カニの甲羅から分離したキチン・キトサンを素材とした手術用糸の生産も実用化されている。

4.3.5 食 品 分 野

〔1〕 細胞培養・組織培養などによる生産

植物 2 次代謝物は医薬品，染料，香料などとして利用されているものが多いが，植物栽培によるものは生産地域や季節が限定される。そこで植物細胞培養により食品などに用いられる有用代謝物を効率的に生産することが試みられているが，市場に出回っている製品はまだ少ない。

日東電工株式会社はオタネニンジン（*Panax ginseng*，朝鮮人参）の根の組織培養を行い，1985 年に純粋培養おたね人参の量産に成功した。現在，その

エキスを加工してさまざまな健康食品（素材）として売り出されている。農地栽培のオタネニンジンは栽培に6年もかかり，連作ができず収穫後10～15年は休耕が必要で，また，病気に弱く，大量の農薬が散布されることがあるなどの弱点がある。これに比べ組織培養のものは，有用成分を均一に含む安定した品質，農薬や有害物質を含まない，苦味や臭みが少なく飲みやすい，安価であるなどの利点があるため大きい市場を獲得している。

最近，タカラバイオ株式会社は，関東地方で食用に供され，民間薬としても用いられた明日葉（あしたば）の有効成分カルコン類のタンク培養による工業的生産の開発に成功し，カルコン生合成系についての検討も行い，カルコンの大量生産に向けての技術開発や有効成分を指標にした明日葉の育種や育苗も含めた農業の工業化を目指している。

このほか，細胞組織培養による食用色素の生産法の開発も行われている。

細胞融合による冷凍耐性酵母の開発が行われた結果，冷凍パン生地が普及し，各店舗による焼きたてパンの販売が可能となった。

〔2〕 遺伝子組換え食品（GM食品）

（a） わが国で許可されているGM食品　　遺伝子組換えによる作物の品種改良（遺伝子組換え農作物）についてはすでに4.3.2項〔2〕で述べた。これらを原料として製造した食品が遺伝子組換え食品（添加物を含む）である。

遺伝子組換え農作物や遺伝子組換え食品は，食品衛生法の規格基準に基づき安全性審査が法的に義務化され，安全性審査を受けていない遺伝子組換え食品の，輸入，販売などが法的に禁止されている。農作物に関する規制や遺伝子組換え食品・農作物の安全評価の規則・規制については5.5節に記した。

2009年4月現在，わが国で安全性審査の手続きを経た遺伝子組換え食品および添加物[11]は食品（98品種）：ジャガイモ（8品種），ダイズ（6品種），テンサイ（3品種），トウモロコシ（45品種），ナタネ（15品種），ワタ（18品種），アルファルファ（3品種）および添加物（14品目）：α-アミラーゼ（6種），キモシン（2種），プルラナーゼ（2種），リパーゼ（2種）リボフラビン，グルコアミラーゼである。

遺伝子組換え食品に関する表示は義務化され，表示には ① 遺伝子組換え（義務表示），② 遺伝子組換え不分別（義務表示），③ 遺伝子組換えでない（任意表示）の3通りがある．現在の遺伝子組換え食品の義務表示対象品目リストは厚生労働省のサイト[12]を参照されたい．

（b） **わが国で消費されている遺伝子組換え農作物（GMO）**　わが国では研究用以外に，商用の GMO の栽培は行われていない．しかし，主要遺伝子組換え農作物であるトウモロコシ，ダイズ，ナタネの国内生産量はきわめて少なく，国内消費のほとんどが輸入によって占められている．表4.4（a）に示すようにトウモロコシとナタネの自給率は0に近く，ダイズの自給率も6％以下である．トウモロコシとダイズの主要輸入国はアメリカ合衆国で，そこでの遺伝子組換え体の栽培面積比率からの単純計算では輸入トウモロコシの約80

表4.4　輸入作物中の遺伝子組換え体

2008年度食料需給表（概算値），わが国への作物別主要輸出国と，輸出国における栽培状況の推移（農林水産省2008年）に基づき作成

（a）　輸入量と推定組換え体比率

品　目	国内生産量	輸入量	総　量	輸入比率	数　量	金　額	主要輸入国	輸入量に占める比率	組換え体栽培面積比率	推定組換え体輸入比率
	1 000 t	1 000 t	1 000 t	％	1 000 t	億円		％	％	％
トウモロコシ	0	16 460	16 460	100	16 460	5 776	アメリカ合衆国	98.7	80	79
ダイズ	262	3 711	3 973	93.4	3 711	2 448	アメリカ合衆国	72.3	92	67
ナタネ（採油用）	1	2 313	2 314	100	2 313	1 625	カナダ	94.8	86	82

（b）　消費量比率

	国内消費仕向量比率〔％〕				
	飼料用	種子用	加工用	減耗量	粗食料
トウモロコシ	78.2	0	21.1	0	0.6
ダイズ	2.8	0.2	73.8	1.8	21.3

％，輸入ダイズの約70％は組換え体であり，ナタネ（Canola種）の主要輸入国のカナダでの組換え体栽培比率からの換算では，輸入ナタネの約80％が組換え体であると推定される。第2輸入国も組換え体の栽培国である。表（b）に示すようにトウモロコシの国内消費量の大半は飼料で，輸入ダイズとナタネは遺伝子組換え体の表示義務のない油脂や醤油の製造に用いられているため，遺伝子組換え食品の義務表示対象品としては市場にほぼ出回っていない。コーンスターチを原料とする異性化糖などの食品も表示義務がないので遺伝子組換え体が使われる。ダイズやトウモロコシは非組換え体の輸入も行われているが，海外でのそれらの栽培は減少しているため，高価であり，また入手自体が困難になりつつある。したがって，油脂，畜産物も含めると，われわれの食事のかなり多くが遺伝子組換え体（GMO）に依存しており，事実上，遺伝子組換え食品を食べていることになる。

〔3〕 機能性食品・特定保健用食品

食品には「栄養」，「嗜好性」のほかに，従来より「医食同源」ということがいわれ，「病気の予防」の役割（機能）があるとされている。その機能に注目して，なんらかの科学的根拠に基づいて健康増進機能（機能性）が認められる食品を「機能性食品」と呼ぶことが提唱された。この用語は，わが国が提唱したもので，Functional Foodと訳され，欧米などでも関心がもたれている。

厚生労働省は2001年4月，一定の条件を満たすものを「保健機能食品」と称して販売を認める制度をつくった。「特定保健用食品」は，特定の保健の目的が期待できることを表示した食品であり，身体の生理学的機能などに影響を与えることが認められる保健機能成分（関与成分）を含み，他の「いわゆる健康食品」とは異なり，その保健効果が当該食品を用いたヒト試験で科学的に検討され，適切な摂取量も設定されている。その有効性・安全性は個別商品ごとに国によって審査される。「特定保健用食品」は，厚生労働省が許認可する「特定保健用食品」と認可審査のない「栄養機能食品」の2種があり，医薬品とは異なり，疾病の予防，生体の調節手段として，健常な人が長期間食する食品で，病気の治療・治癒を目的に利用する食品ではない[13]。

また，一般に使われている「健康食品」という用語は，法令などにより定められているものでなく，「健康の保持増進に資する食品として販売・利用されるもの」を総称するもので，実際に「健康の保持増進効果」があるかどうかが確認されているものもあれば，そうでないものもあるので注意を要する。

4.4 環境分野

4.4.1 メタゲノム解析

メタゲノム解析（メタゲノミクス，環境ゲノミクス）とは環境中に生育する生物群のゲノム配列を網羅的に解析する手法を指す。土壌や河川などの環境中にはさまざまな生物群が生育しているが，従来はそれらを分離し，培養・増殖させて研究していた。しかし環境中の微生物の多くは人為的に培養することが困難で，これらの全体像をつかむことが困難であった。

メタゲノム解析とは微生物群が生育する領域全体からすべてのDNAを抽出，収集して，その塩基配列を網羅的に調べることにより，その微生物群の遺伝子群を明らかにしようとする手法である。高次元を意味する「メタ」を付して，通常単一生物のすべての遺伝子群を意味するゲノムより広い意味をもつメタゲノムという名称が使われ，その研究分野をメタゲノミクス（metagenomics）と呼ぶ。土壌や水圏の細菌群，廃水の微生物群，腸内細菌叢やメタン酸化古細菌群などの解析が行われ，その生態系の解明や，未知の遺伝子や新規有用遺伝子の発見などが期待されている。

4.4.2 環境浄化

微生物は成育速度が高く，また，さまざまな物質を分解あるいは転化する能力をもつ。また，植物や一部の動物は特定の物質を吸収濃縮する性質がある。これら生物の利点を生かし，環境を浄化・復元使用する試みがなされている。

〔1〕 廃水処理・水の浄化

人間の生活や生産活動で排出される汚水を廃水と呼び，家庭から出る生活雑排水とし尿と工場廃水がある。これらの廃水を処理した後に河川，湖沼などの

公共水域に放流しなければならない。廃水処理には沈殿，吸着，濾過などの物理化学的処理と微生物による生物学的処置がある。後者にバイオテクノロジーが応用できる。

　動植物を用いる処理を除き，通常微生物を用いる生物学的処理は，溶存酸素が必要な好気性微生物を用いる好気性処理と，溶存酸素が必要でないか，溶存酸素がまったく存在しない状態が必要な偏性嫌気性細菌を用いる嫌気性処理とに分けられる。微生物による方法は，有機性物質を効率よく短時間にかつ経済的に処理できる。生物学的処理では，溶解性の有機性物質が微生物によって分解され，同時に分解された有機物が好気性処理ではおおむね50％が，嫌気性処理ではおおむね10〜20％が微生物菌体，すなわち余剰汚泥に変換される。

　（a）　好気性処理　　好気性処理では有機性物質，アンモニア性窒素，臭気，鉄など酸化分解により除去される。好気性処理には，下水処理で広く用いられている活性汚泥法（曝気によって生物フロックを浮遊させた状態で有機物質を酸化分解する方式）と，生物膜法（担体に微生物を付着増殖させて生物膜を形成させてこれを廃水に接触させ酸化分解する方式）とがある。

　①　**活性汚泥法**　　土砂，浮遊物質を最初沈殿池で除去した廃水を曝気槽中で活性汚泥（細菌や原生動物などの微生物によるゼラチン状のフロック）と混合，曝気し，微生物の代謝によって有機物を分解し，最終沈殿池で汚泥と処理水に分ける。分離された汚泥の一部は曝気槽に戻され，残りの余剰汚泥は廃水中の溶解性物質の固形化物として処理される。

　②　**生物膜法**　　固定床方式と流動床方式に大別され，前者では担体に微生物を付着させた生物膜の付いた砕石あるいはプラスチック濾材を処理槽中に固定して，その下部から曝気する方式である。後者は微生物を付着させた砂や活性炭などの担体を曝気などによって流動状態に保持させる方式である。両者ともに担体の流出防止，担体の分離，あるいは過剰の生物膜の剥離などのさまざまな技術開発がなされている。また，活性汚泥処理では有機物除去に限らず，廃水中の窒素除去やリン酸除去など微生物を利用した技術が採用されている。

　（b）　嫌気性処理　　嫌気性処理は酸素があると死滅してしまう偏性嫌気

性細菌であるメタン菌を利用して,し尿,下水汚泥や食品工場廃水などの高濃度で含まれる有機質をメタンと二酸化炭素に分解する方法である。有機物からメタンをエネルギーとして回収できることや,好気状態に保つための曝気エネルギーが不要で好気性処理と比較して消費エネルギーが少ないなどの利点があるが,COD(化学的酸素要求量)除去率が低く処理水質が好気性処理より劣ることや,滞留時間が大きいなどの短所もある。しかし,有機性廃棄物からエネルギーを回収できる技術として再評価され,新たな研究が進められている。

(**c**) **好気性処理と嫌気性処理の併用処理**　　湖沼など閉鎖系水域の富栄養化の進行に伴って,無機栄養塩類の排出抑制が求められ,窒素やリンの排水基準が強化されているため,好気性処理と嫌気性処理の併用による生物学的脱窒法,生物学的脱リン法が行われている。生物学的脱窒法は,硝化工程(アンモニア性窒素を好気性条件下で硝化細菌が二酸化炭素を炭水化物に変換する際にアンモニア性窒素を酸化し,亜硝酸あるいは硝酸性窒素にする工程)と脱窒工程(前工程の処理水を嫌気性条件に置き脱窒細菌により硝酸性・亜硝酸性窒素(NOx-N)中の酸素を有機性物質の酸化のために利用する原理を用いて窒素に還元除去する工程)からなる。生物学的脱リン法は嫌気性状態で活性汚泥からリンを放出させ,続いて好気性状態に置くと活性汚泥がいったん放出したリンを嫌気性処理する前の濃度を超えて過剰にリンを摂取することを利用する処理法である。生物学的脱窒も脱リンも好気性処理と嫌気性処理の組合せであることから,同時に脱窒と脱リンを行うプロセスも開発されている。

(**d**) **下水汚泥のメタゲノム解析**　　上記の生物学的な汚水処理ではさまざまな微生物が働いており,これらを単離して,その性質を調べる研究も行われているが,このような微生物生態群には単離培養できないものがある。そこで,廃水汚泥中の微生物群のゲノムをメタゲノム手法を用いて,廃水処理に重要な役割を担っている微生物を単離せずにゲノム解析および微生物個体群の共代謝の解析が行われている。この手法を用いると,従来バルクでみていた微生物集団を個別の微生物群集に分け,それぞれの機能を論じることができ,また,特定の微生物や機能遺伝子を標的にした検出・定量も可能になり,廃水処

理プロセスの最適化と制御の取組みに大きな進展が期待される。

〔2〕 バイオレメディエーション（生物学的環境修復法）

バイオレメディエーションは微生物，植物，動物などの生物のもつ化学物質の分解能力や蓄積能力などを用いて有害物質で汚染された環境を修復する技術で，以下の有害物質について実用化が進んでいる。

土壌：トリクロロエチレン，テトラクロロエチレン，油の微生物による除去。水域：BOD,COD，窒素，リンの植物による除去；窒素，油の微生物による除去。廃水：Cr^{6+}，PCB の微生物による除去；BOD,COD，窒素，リン，油の微生物による除去。

微生物による環境修復はその手法や分解過程により，つぎのようにさまざまに分類されている。

（a） 微生物の増強法による分類

① **バイオスティミュレーション**　土壌中にはもともとさまざまな微生物が生息しているので，この土着微生物を増殖させることにより環境修復を行う方法をバイオスティミュレーションと呼ぶ。有害物質に汚染された土壌・地下水に窒素，リンなどの無機栄養塩類，メタン，堆肥などの有機物，さらに空気や過酸化水素を導入することにより，現場にすでに生息している微生物を増殖させ汚染物質を除去させる。タンカー事故により流出した原油の除去などに実用化されている。

② **バイオオーグメンテーション**　有害物質に汚染された土壌中に適当な微生物が見いだせない場合は，あらかじめ，その有害物質を分解する能力が認められている微生物を別途分離培養して備蓄しておき，これを汚染場所に散布することにより環境修復を行う方法をバイオオーグメンテーションと呼ぶ。

（b） 微生物による環境汚染物質の分解過程による分類

① **バイオミネラリゼーション**　汚染有機物を分解して二酸化炭素と水という無害な無機物にまで変換する反応をバイオミネラリゼーションと呼ぶ。

② **バイオコンバージョン**　広義では微生物により有機物を分解してさまざまな中間物質に変換する過程を指す。以下に述べるコンポスト製造過程での

微生物の作用もバイオコンバージョンである。環境汚染物質の微生物分解では，難分解性の有害有機物を他の一般の微生物が分解可能な中間物質の有機物に分解する反応である。難分解性の有害有機物には毒性の強いものがあり，それにより多くの微生物の成育が阻止される。この有害有機物を毒性の低い有機物に分解できる微生物により低毒性中間物に変換することにより，土壌中の他の微生物による二酸化炭素と水にまでの分解が期待できる分解過程をバイオコンバージョンと呼ぶ。

〔3〕 **環境浄化における微生物モニタリング**

大気，水質，土壌などの環境を監視するためにさまざまなモニタリング（継続監視）が行われている。環境中の汚染物質の種類・濃度が物理的また化学的方法により測定されているが，人体への影響を観測するためには人体の組織や体液中の特定の物質の濃度の計測が行われ，一般にバイオモニタリングといわれている。

上記の微生物による環境浄化の開発・応用においては，使用した微生物が，使用後に消滅する，あるいは元のレベルに戻ることにより，その環境の土壌微生物の生態系への影響が少なく，人への影響などがないことが望まれる。このため，環境浄化が行われる土壌中の微生物のモニタリングが必要となる。DNA分析技術の進歩や微生物ゲノムの解析から，対象となる微生物のDNA分析から浄化操作前後の当該微生物の消長を正確について期することが可能である。

また，メタゲノム解析の手法を用い，個々の微生物ではなく，その環境中の生物全体のゲノム像から，さまざまな種の変化を追跡したり，有用な遺伝子を探索して，それをもつ微生物の利用につなげることが可能となった。

4.4.3 コンポスト

コンポストとは生ごみなどの有機性廃棄物からできた堆肥，または堆肥化手法を指す。以前より農業廃棄物や家畜糞尿を微生物により分解して有機質肥料に変換したものを堆肥および厩肥と呼んできた。現在では，食品（農産食品，畜産食品，水産食品）や林産物，また下水汚泥などの生物系有機廃棄物のリサ

イクルのために変換した有機質肥料や土壌改良資材やその変換するシステム全体を指す。大がかりなものは企業や自治体が設置している大規模コンポスト化プラントがあり，小規模のものは家庭用の生ごみ処理装置もある。原料の有機廃棄物の組成により，処理に必要な微生物の種類，処理時間，処理温度が大きく異なる。コンポスト化には廃棄物に含まれる炭素（C）と窒素（N）の比（C/N比）が重要で，C/N比を10前後に制御するとよい発酵が維持される。

廃棄物の再資源化（リサイクル）のためには市場性の高いコンポストの生産が不可欠で，有害物質を含まず，肥料や土壌改良材としての価値が高く，品質のばらつきの少ない製品をつくる必要があり，今後，原料としての廃棄物の選別とそれにあった微生物群の選択や発酵管理システムの開発が望まれている。

4.4.4　内分泌攪乱化学物質（外因性内分泌攪乱化学物質，環境ホルモン）

世界保健機構・国際化学物質安全計画（IPCS）による定義では，内分泌攪乱化学物質を「内分泌系の機能を変化させることにより，健全な生物個体やその子孫，あるいは集団（またはその一部）の健康に有害な影響を及ぼす外因性化学物質または混合物」と定義している。「環境ホルモン」という用語（通称）も使われるが，これら物質そのものがホルモンではないため，科学的に適切な用語ではない。

環境中に存在する化学物質のうち，生体にホルモン様作用を起こしたり，逆にホルモン作用を阻害するものの存在が指摘され，非常に低濃度でも生体に悪影響を及ぼす可能性があるため，有害物質が高濃度に蓄積されて初めて問題とは異なる環境汚染物質として危惧された。日本では1998年5月に環境庁（現環境省）が，「内分泌攪乱化学物質問題への環境庁の対応方針について —環境ホルモン戦略計画 SPEED '98— 」を発表し，67物質をリストに掲げた。しかし，その後行われた検証実験により，そのほとんどの物質は哺乳動物に対する有意の作用を示さないことが報告されたため，環境省は上記リストを取り下げた。「内分泌かく乱化学物質の科学的現状に関する全地球規模での評価（環境省版：日本語訳）」[14),15)]の結論ではつぎのように述べられている。

4.4 環　境　分　野

「環境中の特定の化学物質が正常なホルモン過程を阻害することは明らかであるが，内分泌活性を有する化学物質への曝露によってヒト健康が有害影響を受ける論拠は乏しい。しかしながら，ある野生生物種においては，内分泌関与の有害影響が起きていると結論するに十分な証拠がある。この結論は実験室的研究からも支持される。」

われわれが体外から意図的に摂取するものには合成ホルモンなどの医薬品があるが，これは環境に曝露されているものではない。また，われわれは食物に含まれ天然の動物ホルモンや植物がつくり出すホルモン様活性物質（植物ホルモン）を摂取しているし，し尿に含まれるような形で環境中に拡散する天然のホルモンもある。これらは相当大量を摂取すれば，環境生物やヒトの内分泌機構の調節を乱すことがあるが昔と現代の人々の生活との間で大きく変動しているとは考えにくく，内分泌攪乱化学物質としての問題にはならない。

医薬品として摂取した事例では米国でDES（ジエチルスチルベストロール，女性ホルモン様物質）を服用した妊婦の娘に膣がんが多発した事例がある。DDT（クロルフェノタン）などの有機塩素系の殺虫剤，PCB（ポリ塩化ビフェニル）やダイオキシン類，合成洗剤や殺虫剤として使用されているアルキルフェノール類，ポリ塩化ビニルの可塑剤などに使用されるフタル酸エステル類，漁網や船底に使用されていたトリブチルスズなどがホルモン様作用を有する物質として認められているが，高濃度での動物に対する作用が認められたり，トリブチルスズによる影響である可能性が指摘されている貝類で見られる雌の雄化の現象は貝類特有の反応とされており，環境に曝露された濃度でのヒトに対する有害な影響が確認された事例はない。

しかし，人間社会は生産性の向上や利便性の追及と科学の進歩により，多数の化学物質を生産し，使用している。これらのうち人体への有害作用が明らかにされているものはごくわずかに過ぎず，今後ともこれら物質の人体および環境への影響を注視していく必要がある。これら化学物質対策においては内分泌攪乱作用のみならず，化学物質のもつさまざまな生物に対する作用やそれによって発現する有害性を総合的にとらえる視点が重要である。

引用・参考文献

1) 田沼靖一：ゲノム創薬，化学同人（2003）
2) 野村　仁：ゲノム創薬 個別化医療とゲノムデータマイニング，新・生命科学ライブラリ バイオと技術 5，サイエンス社（2005）
3) 大阪大学大学院医学系研究科臨床遺伝子治療学講座：遺伝子治療と臨床研究
   http://www.cgt.med.osaka-u.ac.jp/cont/c_index.html（以下，URL は 2010 年 1 月現在）
4) 医薬品の臨床試験におけるファーマコゲノミクスの利用指針の作成に係る行政機関への情報の提供等について
   http://www.jhsf.or.jp/hsmag/publish/info_20050318_01.pdf
5) 米国食品医薬品庁（FDA）：Guidance for Industry E15 Definitions for Genomic Biomarkers, Pharmacogenomics, Pharmacogenetics, Genomic Data and Sample Coding Categories. http://www.fda.gov/downloads/Drugs/GuidanceComplianceRegulatoryInformation/Guidances/ucm073162.pdf
6) 赤池敏宏：生体機能材料学－人工臓器・組織工学・再生医療の基礎（バイオテクノロジー教科書シリーズ 12），コロナ社（2005）
7) 喜多恵子：応用酵素学概論（バイオテクノロジー教科書シリーズ 16），コロナ社（2009）
8) 農林水産省：バイオマス・ニッポン総合戦略」（2006 年 3 月 31 日策定）
   http://www.maff.go.jp/j/biomass/
9) 「飼料をめぐる情勢」農林水産省生産局畜産部畜産振興課消費・安全局畜水産安全管理課（2009 年 9 月）
   http://www.maff.go.jp/j/chikusan/sinko/lin/l_siryo/pdf/siryo.pdf
10) 組換え DNA 技術応用飼料及び飼料添加物の安全性に関する確認を行った飼料及び飼料添加物一覧（2007 年 10 月）
11) 安全性審査の手続を経た遺伝子組換え食品及び添加物一覧，厚生労働省医薬食品局食品安全部（2009 年 4 月 30 日現在）
    http://www.mhlw.go.jp/topics/idenshi/dl/list.pdf
12) 厚生労働省：http://www.mhlw.go.jp/qa/syokuhin/kakou3/sankou.html
13) 厚生労働省：特定保健用食品のページ．http://www.mhlw.go.jp/topics/bukyoku/iyaku/syoku-anzen/hokenkinou/hyouziseido-1.html
14) 世界保健機関・国際労働機関・国連環境計画の代表専門家グループによる評価：内分泌かく乱化学物質の科学的現状に関する全地球規模での評価（環境省版：日本語訳）
15) 環境省：化学物質の内分泌かく乱作用についてのページ
    http://www.env.go.jp/chemi/end/

5 生命工学に関連する規則・規制

本章では，生命工学に関連する規則・規制のいくつかを記したが，これらはかなり頻繁に改訂され，また紙数の関係で簡潔に述べるにとどめた。詳細は，引用・参考文献に掲げた各省庁のホームページ[1]〜[3]などを参照されたい。なお，ここで述べる内容は2009年現在のものである。

5.1 遺伝子組換え実験に関する規制

5.1.1 遺伝子組換え生物等の使用等の規制による生物の多様性の確保に関する法律（カルタヘナ法）の制定

1976年に米国国立衛生研究所（National Institute of Health, NIH）が世界初の遺伝子組換え実験ガイドラインを制定したのを受けて，わが国では1979年に当時の文部省および科学技術省が「組換え実験指針」を制定し，改訂を重ねてきた。これらは研究者によるガイドラインであって法律ではない。

1992年に，国連環境開発会議（United Nations Conference on Environment and Developmet, UNCED）において，「生物多様性条約」が採択された。これに基づく具体的マニフェストとして，次年採択されたのが「カルタヘナ議定書」である。この議定書の実施に必要な法律として「遺伝子組換え生物等の使用等の規制による生物の多様性の確保に関する法律」（通称「カルタヘナ法」，環境省のサイト[4]を参照）が制定され，2003年に公布された。この法律は議定書への加入により2004年2月19日に関連する政令，省令などとともに発効となり，上記の「組換え実験指針」は廃止され，ガイドラインではなく，法律

5. 生命工学に関連する規則・規制

による規制が行われることとなった。「組換え実験指針」では学術利用においては文部省，産業利用においては科学技術庁という2本立ての規制であったが，この法律は，財務省，文部科学省，厚生労働省，農林水産省，経済産業省および環境省の関係6省にまたがるもので図5.1のように一本化された。

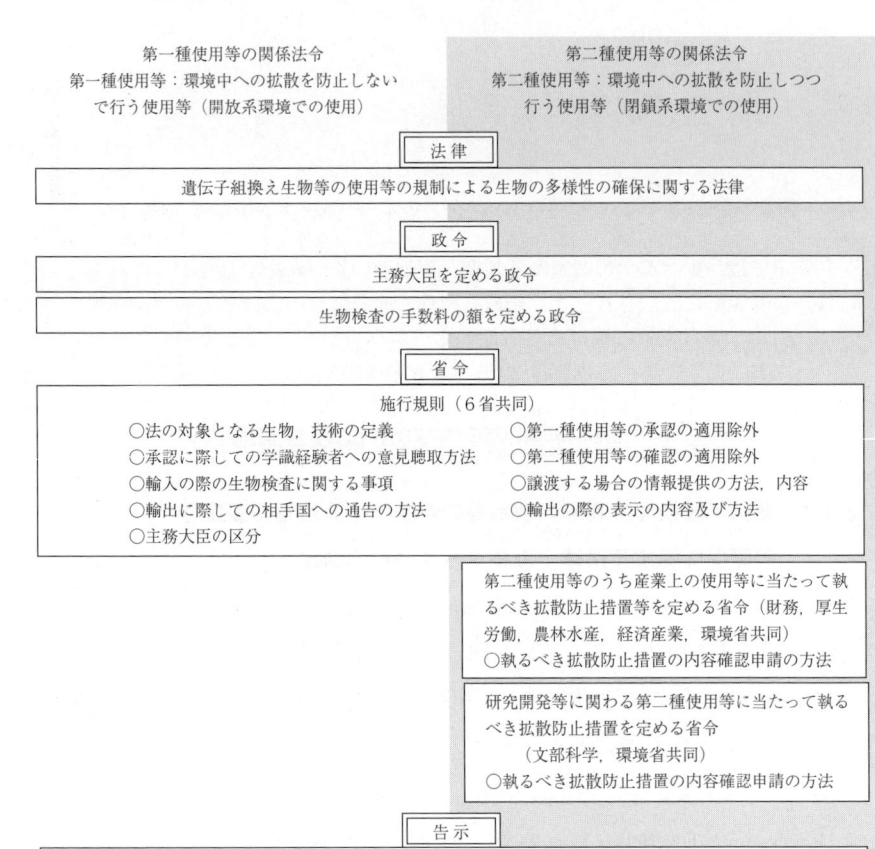

第一種使用等の関係法令	第二種使用等の関係法令
第一種使用等：環境中への拡散を防止しないで行う使用等（開放系環境での使用）	第二種使用等：環境中への拡散を防止しつつ行う使用等（閉鎖系環境での使用）

法律

遺伝子組換え生物等の使用等の規制による生物の多様性の確保に関する法律

政令

主務大臣を定める政令

生物検査の手数料の額を定める政令

省令

施行規則（6省共同）

○法の対象となる生物，技術の定義	○第一種使用等の承認の適用除外
○承認に際しての学識経験者への意見聴取方法	○第二種使用等の確認の適用除外
○輸入の際の生物検査に関する事項	○譲渡する場合の情報提供の方法，内容
○輸出に際しての相手国への通告の方法	○輸出の際の表示の内容及び方法
○主務大臣の区分	

第二種使用等のうち産業上の使用等に当たって執るべき拡散防止措置等を定める省令（財務，厚生労働，農林水産，経済産業，環境省共同）
○執るべき拡散防止措置の内容確認申請の方法

研究開発等に関わる第二種使用等に当たって執るべき拡散防止措置を定める省令
　　　（文部科学，環境省共同）
○執るべき拡散防止措置の内容確認申請の方法

告示

法第3条に基づく基本的事項（6省共同）
○施策の実施に関する事項，使用者が配慮すべき事項等

第一種使用等による生物多様性影響評価実施要領（6省共同）	産業上の使用等に係わる省令に基づく告示（経済産業，厚生労働省共同）
○第一種使用規程の承認を受けようとする者が行う生物多様性影響評価の項目，手順等	研究開発等に係わる省令に基づく告示（文部科学省）

図 5.1 カルタヘナ法の関係法令全体図

この法律に関連する法令は多数あり，これら法令は変更も多く，最新のものについては参考文献[5]〜[8]に挙げたサイトを参照されたい．

5.1.2 遺伝子組換え生物等の定義

遺伝子組換え生物等の使用等の規制による生物の多様性の確保に関する法律（カルタヘナ法）の制定により「遺伝子組換え生物」という用語は初めて法律的に定義された．ここにカルタヘナ議定書やカルタヘナ法，関連法令に定義されている用語のおもなものを挙げる．表現上の問題があるので，括弧内に対応する英語を示した．また，従来使用されてきた用語との関係についても述べた．以下，議定書とはカルタヘナ議定書，法とはカルタヘナ法を指す．

生物の定義を以下に示す．議定書第3条 (h)：「生物」(living organism) とは，遺伝素材を移転し又は複製する能力を有するあらゆる生物学上の存在 (biological entity)（不稔性の生物，ウイルス及びウイロイドを含む．）；法第2条第1項および同施行規則第1条：「生物」(living modified organism) とは，一の細胞（細胞群を構成しているものを除く．）又は細胞群であって核酸を移転し又は複製する能力を有するもの（つぎのものを除く：ヒトの細胞等および分化する能力を有する，又は個体及び配偶子以外の分化した細胞等であって，自然条件において個体に成育しないもの），ウイルス及びウイロイドをいう．

いわゆる遺伝子組換え技術を含む遺伝子や細胞の操作技術は「現代のバイオテクノロジー」(Modern biotechnology) と定義された（議定書第3条 (i)）．

「遺伝子組換え生物」は従来，英語では genetically modified organism (GMO) と呼ばれ，公的機関としては国際連合食糧農業機関（FAO）の TERMINOLOGY に記載されている．カルタヘナ議定書，カルタヘナ法では genetically modified organism (GMO) の代わりに前に示した living modified organism (LMO) を用いることが推奨されている．その定義は議定書第3条 (g)，法第2条第2項，同施行規則を参照されたい．本書ではいまだ LMO は読者になじみがないので「遺伝子組換え生物」には GMO を当てることとした．遺伝子組換え作物は GM 作物 (living modified crop)，遺伝子組換え食品は GM 食品 (living modified food),遺伝子組換え飼料は GM 飼料（genetically modified feed）と表される。

　遺伝子組換え生物等の使用については，第一種使用等と第二種使用等に分けられ，前者は環境中への拡散を防止しないで行う使用等で，圃場での栽培，飼料としての利用，食品工場での利用，容器を用いない運搬，野積などを指す，いわゆる開放系での使用である。後者は施設，設備その他の構造物の外の大気，水又は土壌中への遺伝子組換え生物等の拡散を防止する意図をもって行う使用等であり，おもに実験室での使用，密閉容器を用いる運搬などを指す。詳細は法第 2 条 3 〜 7 に述べられている。学術上での使用についてはほとんどの場合，第二種使用等と考えられる。

5.2　ヒトに関するクローン技術および特定胚の取扱いの規制

　1997 年英国でクローン技術による羊個体が誕生したことにより，高等動物でのクローン個体産生の可能性が証明され，人においてもクローン個体誕生の可能性が現実化し，人クローンに関係する規制が行われることになった。

　現時点での人クローンの操作に関する規制は「ヒトに関するクローン技術等の規制に関する法律」（2000 年 12 月 6 日公布），「ヒトに関するクローン技術等の規制に関する法律施行規則」（2009 年 5 月 20 日改正）および「特定胚の取扱いに関する指針」（2009 年 5 月 20 日改正）によって行われている。これら法令の本文と解説については文部科学省の Web サイト[9]を参照されたい。

　この法律では「人」と「ヒト」という用語が用いられているが，法律内にはこれらを明確に区別している定義はない。文脈から判断すると「ヒト」は生物学的な意味での「ひと」であり，「人」は個体として通常の法律の対象となる「ひと」，常識的に人間として認められる「ひと」を示していると思われる。

　ヒトの精子とヒトの未受精卵との受精により生ずる胚で，ヒト胚分割胚でないもの「ヒト受精胚」をいう。この「ヒト受精胚」以外の現在の技術で作成可能な 9 種類の胚を総称して「特定胚」と呼び，規制の対象としている。正確には法律を参照されたい。

5.3 ヒトES細胞に関する規制

ES細胞は，体のあらゆる細胞に分化する可能性をもつ．そのためヒトES細胞は再生医療など将来の医療の多くの分野での応用が期待される．その一方で，現在，ES細胞を得るには受精卵を破壊しなければならず，倫理的な問題があるため，ヒトES細胞の樹立，使用についての規制が行われている．

わが国では「ヒトES細胞の樹立及び使用に関する指針」（2009年5月20日改正）および「ヒトES細胞等からの生殖細胞の作成等に係る当面の対応について（通知）」（2008年2月21日）により規制されている．

5.4 ヒトゲノム・遺伝子解析研究に関する規制

ヒトゲノム・遺伝子解析研究は個人を対象とした研究に大きく依存し，また，研究の過程で得られた遺伝情報は，提供者（ヒトゲノム・遺伝子解析研究のための試料などを提供する人）およびその血縁者の遺伝的素因を明らかにし，その取扱いによっては，さまざまな倫理的，法的または社会的問題を招く可能性があるという側面がある．そこで，ヘルシンキ宣言（1964年6月第18回世界医師会採択「ヒトゲノム研究」，に関する基本原則（2000年6月14日科学技術会議生命倫理委員会とりまとめ）などを踏まえて，人間の尊厳が尊重され，提供者およびその家族又は血縁者の人権が保障され，研究が適正に実施されるための具体的な指針として，文部科学省，厚生労働省，経済産業省の3省による「ヒトゲノム・遺伝子解析研究に関する倫理指針」（2008年12月1日一部改正）が2001年3月29日に公布，施行された[10]．

ヒトゲノム・遺伝子解析研究にかかわるすべての関係者においてこの指針を遵守するように求められている．

「ヒトゲノム・遺伝子解析研究」の定義は，つぎのとおりである．

「試料等の提供者の個体を形成する細胞に共通して存在し，その子孫に受け継がれ得るヒトゲノムおよび遺伝子の構造又は機能を，試料等を用いて明らかにしようとする研究をいう．本研究に用いる試料等の提供のみが行われる場合

も含まれる。」

5.5 遺伝子組換え食品・農作物に関する規制

5.5.1 遺伝子組換え食品・農作物の安全評価

遺伝子組換え食品・農作物の安全評価は、農作物についての生物多様性の確保に関するカルタヘナ法に基づく環境に与える影響の評価と食品についての安全性の評価に分けられる。

遺伝子組換え技術によってつくられた農作物の規制は農林水産省の指針に基づいて行われていたが、「遺伝子組換え生物等の使用等の規制による生物の多様性の確保に関する法律」(カルタヘナ法)の成立により指針が廃止されてカルタヘナ法に基づいて農林水産省・環境省により運用されている。

遺伝子組換え食品・飼料の安全評価については、食品安全委員会がリスク評価(科学的な安全性評価に基づく基準の策定と評価)を行い、行政がリスク管理(食品衛生法等の法令によるリスク評価に基づく規制(規格・基準)の策定や検査・監視)を行うとともに、リスクの洗い出しと評価の依頼を食品安全委員会に対して行う仕組みになっている。

これらの規制は多くの改正等が行われるので、文献[11]を参照されたい。

国際的には1962年に、国連食糧農業機関(FAO)と世界保健機関(WHO)が合同で設立したFAO/WHO合同食品規格計画(CODEX, コーデックス委員会)のバイオテクノロジー応用食品特別部会においてガイドラインなどの策定が行われている[12]。

5.5.2 遺伝子組換え食品の表示

「遺伝子組換え食品」(組換えDNA技術応用食品)については、遺伝子組換え農産物とその加工食品についての表示ルールが定められ、2001年4月から義務化された。詳細は厚生労働省「遺伝子組換え食品及びアレルギー物質を含む食品に関する表示の義務化について」[13]を参照されたい。

引用・参考文献

1) 文部科学省:生命倫理・安全に関するとり組み
   http://www.mext.go.jp/a_menu/shinkou/seimei/main.htm
   (以下,URLは2010年1月現在)
2) 経済産業省:バイオ政策(生物化学産業政策)
   http://www.meti.go.jp/policy/mono_info_service/mono/bio/index.html
3) 農林水産省農林水産技術会議:遺伝子組換え技術の情報サイト
   http://www.s.affrc.go.jp/docs/anzenka/index.htm
4) 環境省バイオセーフティクリアリングハウス(J-BCH):遺伝子組換え生物等の使用等の規制による生物の多様性の確保に関する法律
   http://www.bch.biodic.go.jp/houreiList01.html
5) 環境省バイオセーフティクリアリングハウス(J-BCH)
   http://www.bch.biodic.go.jp/
6) 経済産業省:安全審査に関する情報(カルタヘナ法,バイオレメディエーション利用指針)
   http://www.meti.go.jp/policy/mono_info_service/mono/bio/cartagena/anzen-shinsa2.html
7) 農林水産省:カルタヘナ法 関係法令
   http://www.maff.go.jp/j/syouan/nouan/carta/c_data/law/index.html
8) 文部科学省:ライフサイエンス広場 安全に関する取組 遺伝子組換え実験
   http://www.lifescience.mext.go.jp/bioethics/anzen.html
9) 文部科学省のWebサイト
   http://www.lifescience.mext.go.jp/bioethics/clone.html
10) 文部科学省・厚生労働省・経済産業省:ヒトゲノム・遺伝子解析研究に関する倫理指針
    http://www.mext.go.jp/b_menu/houdou/17/01/05012101/001.htm
11) 厚生労働省:遺伝子組換え食品の安全性審査について
    http://www.mhlw.go.jp/topics/idenshi/anzen/anzen.html
12) 農林水産省:コーデックス委員会
    http://www.maff.go.jp/j/syouan/kijun/codex/index.html
13) 厚生労働省:遺伝子組換え食品及びアレルギー物質を含む食品に関する表示の義務化について
    http://www.mhlw.go.jp/topics/0103/tp0329-2.html

6 生命倫理

　古来，人間社会では，どの社会においても暗黙のうちに人間と他の生物との間には越えられない境界をおいてきた。生は子供の誕生から始まり，死は老衰，病気，事故，戦争などで迎える，いわば，自明のことであった。そのため，人の命にかかわる倫理的な議論はそれらを前提にして行われてきたといえよう。

　生命科学，生命工学の進展により人間も他の生物と同等の生物であり，人間を他の生物と同等な操作対象とするような技術が，われわれの生活に入り込んできたため，それらになじめないものが出てくるのは当然ともいえる。

　このような生命科学，生命工学とのかかわりを含めて倫理的諸問題を扱う分野が広い意味での「生命倫理」である。

6.1 生命倫理について

　生命倫理は英語の bioethics の訳語として使われているが，日本語での「生命倫理」から受ける印象と bioethics の内容が異なると感じて「バイオエシックス」と表記する場合も多い。

　bioethics は米国の Van Rensselaer Potter が地球環境の危機の克服と人間の絶滅を防ぐ科学として造語したとされるが，1978年米国で出版された「バイオエシックス百科事典」(1995年改訂) から広まった。

　生命倫理の定義はさまざまであるが，生物学と医学の進歩によってもたらされた倫理的問題の研究分野で，生命科学，生命工学，医学，工学，政治学，法学，哲学，経済学，社会学などの分野と関連がある。

生命工学は生命科学による生物の仕組みを理解に基づき，生命現象を人間の役に立てようとする技術であるが，その進展と共に，人間も生命工学で取り扱う対象となってきた。生命科学，生命工学では人間も生物の一つの種であるとの立場に立つ傾向が強い。具体的には，生命工学（バイオテクノロジー）については，しばしばつぎのようなことが問われる。

① 生物を扱う生命工学技術は自然の理に反する技術ではないか？
② 遺伝的技術は次世代に残るので人間の将来を害する技術ではないか？
③ 研究者が被験者（患者）に無断で人体の一部を材料として用いるのは倫理に反しないか？
④ 遺伝子診断など個人の遺伝的疾患が判明するのはよいことか？
⑤ 人為的な生殖技術は人の道に反しないか？
⑥ 核酸の塩基配列は自然のものであり発見ではあっても発明でなく特許権を与えるべきではないのではないか？
⑦ 実験動物に苦痛を与える技術は倫理に反しないか？

これらの問題は安全性に関する問題も含まれるが，多くは倫理的な問題である。これらの問題はそれぞれ難しい判断がせまられる問題で，多くの人の合意をえるのは困難であろう。本書で，それらを議論して一定の見解を提示することはできない。ここでは，生命工学に関連した生命倫理を考えるにあたっての基本的問題が何かを指摘するにとどめる。

6.2 生命倫理の分野

上述のように生命倫理にはさまざまな分野が含まれる。ここではそれらの内容には立ち入らず，さまざまな分野からの切り口を示す。それぞれの項には重複した内容が含まれる。生命倫理全般の内容については参考文献[1),2)]を参考にされたい。

① **先端的生命科学・生命工学分野と生命倫理** ヒトゲノムの解析，遺伝子組換え・動物のクローンの取得などの研究や開発が進んだ結果，ヒト胚の研究などで代表されるような従来の生物学・医学・薬学分野で扱ってきた「人

の概念では律しきれない部分が出てきた。こうした遺伝子，細胞，組織，器官の定義や取扱いなどの倫理的問題点が論じられている。遺伝子組換えによるバイオハザードの規制，遺伝子組換え植物による遺伝子汚染も問題とされる。本書では，生命科学・生命工学の立場からヒトを含む生物の普遍性（共通性）と多様性などについて後述する。

② **人の生への介入** 人は母の体内で受精，生育を経て誕生を迎えるという従来の認識に対して，生殖補助技術の発達により，人工授精や体外受精が広く行われるようになった。これらについては余った胚をどうするのか，凍結卵の相続権や，受精卵移植と代理母についてさまざまな倫理的な議論がある。これらの技術の発展は生殖技術の商品化（精子銀行，卵子の市場，代理母）の問題も生じる。クローン動物が誕生していることから，原理的にはクローン人間も可能であり，この問題をどうするかも問題である。

③ **人の死への介入** わが国では人工妊娠中絶はかなり広く行われている。これは胎児の生命を奪う処置であり，胎児の生命権の保護と葛藤状況にある女性の救済（女性の自己決定権）との間で意見が分かれる問題である。また，出生前診断（羊水診断，絨毛診断，胎児血診断）で発見された異常児の中絶（選択的中絶）の問題は障害者差別論とも関連する。人工授精時の多胎妊娠における胎児減数手術や体外受精時の着床前診断と胚選別の問題もある。

一方，脳死については本人の意思と家族の意思，脳死判定，脳死体からの臓器移植などさまざまな問題があり，生命倫理的議論がいろいろ行われている。

安楽死，尊厳死は生命維持装置の開発，生活の質QOL（quality of life），植物状態患者と絡んで難しい倫理的問題がある。これは自殺に関する自殺関与，同意殺人ともつながっている。

④ **人の生と死のケア** わが国でもホスピスやターミナルケアが行われるようになり，執拗な治療の差し控えと緩和ケア（ペインコントロール）の保障など死の臨床でのQOLの問題に取り組む必要がある。

⑤ **生命倫理と医療（医療倫理）** これまでに述べてきたことの多くは医療にかかわることであり，医療倫理の問題である。インフォームドコンセント

は従来の医は仁術，医師の裁量権と考えられていたことについて患者の自己決定権が重視されて行われるようになった．いままで述べたさまざまな問題や，治療法などの告知，病名告知，新薬使用の告知などに必要である．新しい医療である遺伝子診断，遺伝子治療について生命倫理の問題が議論されている．

⑥ **生命倫理と宗教**　生命や生死に関しては各宗教にそれぞれ固有の考え方があり，単に倫理の問題としては処理できない部分が存在する．欧米の生命倫理は基本的にキリスト教的思想に基づいているものが多い．

⑦ **生命倫理，医療と法**　いままで挙げてきた多くの例について法的な規制や，現行法上の問題点が考えられる．

⑧ **動物使用の倫理**　動物の権利とは，動物に人間から残虐な扱いを受けることなく，それぞれの動物の本性に従って生きる権利があるということを意味する．この考え方に基づき動物の権利を侵害しているとして動物実験を行っている企業に対する攻撃も行われた．現在，日本では文部科学省[3]および厚生労働省[4]の指針に従って各研究機関が独自の動物実験の基準を設けている．欧米では，動物の権利についても生命倫理の分野に取り入れていることが多い．

6.3　生命科学・生命工学から見た生命

上記は一般的な生命倫理の書籍が扱ってきた内容である．ここでは生命工学の面からの問題指摘をしておく．

① **生物学的なヒト**　従来の人間社会では，常識的に個人として認識できる人間が，たがいをどう認識，理解し，その社会の中でたがいにどのように振る舞うべきかということが思考の対象であった．人間と他の生物とは常識的に区別できる大きな違いがあり，人間は他の生物とはまったく異なる存在体であることが，法律，宗教，哲学などでの暗黙の基盤であった．

これに対して，従来も，生物学的立場からは人間も他の生物と同じように，多くの生物種の中の一つの種，*Homo sapiens* にすぎないと考えてきた．しかし，最近の生命科学の進展により，その実質的応用である生命工学が生まれると，この見解と上記の常識的な理解としての人間に対する見解が実地的問題と

して衝突することとなった。さまざまな生物は細胞から構成されており，単細胞生物でも，多細胞生物でも基本的な仕組みは共通している。したがって，各生物は共通した一般性をもち，人間もその例外ではない。すなわち，生物学的存在としての *Homo sapiens* は他の生物と同様に核酸の塩基配列に生命情報が書き込まれている存在であり，他の生物との間に明確な境界を引く根拠はない。個々の生物の遺伝情報の塊であるゲノムには多くの多様性があり，生物の多様性のもととなっているが，生物全体の仕組みとしては人を含めて普遍性が存在する。このように生物学的存在としてみた人間を「ヒト」と記し，従来の伝統的・常識的理解としての人間を「人」と表記することとする。

② **「人」になるとき，「人」でなくなるとき**　問題は「人」とはなにか，「ヒト」はどこから「人」となるのか，従来「人」を対象に考えられてきた倫理的議論が「ヒト」に当てはまるかなどである。図 6.1 に，ヒトの生と死にか

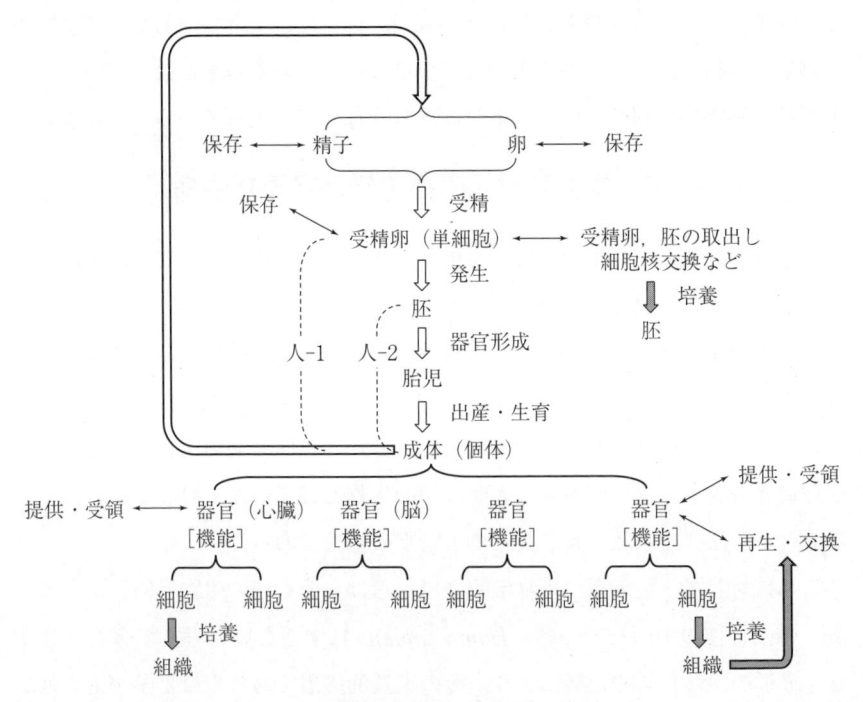

図 6.1　ヒトの生と死

かわる状態を示した。受精から始まって精子および卵が生じること（白矢印）でヒトの生物サイクルが完成する。従来「人」を考えるときはこの白矢印で示したサイクルにおける「ヒト」が対象であった。一般に精子および卵そのものは「人」とは考えられない。どの段階から「人」となるのか。バチカン教皇庁は「人の生命は受精の瞬間から始まる」としており[5]，人-1 に当たる。わが国では人-2 で示したものが一般的な意味の「人」であろう。「胎児が，母体外において，生命を保続することのできない時期」（母体保護法第2条第2項）が現在は 22 週未満であることから，その間の人工妊娠中絶が可能であるが，刑法では堕胎罪が適用される（胎児の発育の程度を問わない）ので，法的には人となる時期は不明確である。研究には受精後2週間以内の胚の使用が認められている。通常は人の死は人の個体の死と考えられる。しかし，死の判定は心停止，自発呼吸停止，瞳孔散大という心・肺・脳機能の単独／複数の不可逆的停止によるが，生命維持装置の発達により心臓が停止しても生きている状態が維持でき，「特定の器官の死＝個体の死」が成り立つか問題となる。

③ **「ヒト」の細胞・組織・器官は「人」か**　　従来は受精卵からしか「人」は生じなかった（と考えられてきた）。この段階では「生」は受精からしか発生しない。しかし，精子，卵，受精卵の保存が可能（図中の両端矢印）で，哺乳動物の体細胞からのクローン個体の生成が現実のものとなり，分化した細胞の全能性が立証されてきた。したがって，原理的には，人の個体を構成する各細胞から人の個体がつくられることは可能となる。個体の各細胞にも，個体の「生」を認めなければならないという論理が成立する。器官や組織の移植も可能（図中の両端矢印）であり，組織，細胞が個体から離れても，それが「生」きているのか？「生存権」があるのか？という問題が生じる。個体である「人」を構成する体細胞が，その個体と同じものになり得る全能性が証明されている今日，臓器移植された器官の細胞が生存している場合，その器官に「人」の権利があるのか。同様に，「人」の器官，組織，細胞は原理的には長期保存が可能である。これらのものは「人」としての権利をもち得るのか。

④ **人間は考える葦であるか**　　また，「人」の本質は生物学的事実にある

のではなく，精神的なもの，"「人」であるという自覚"にあるという考え方がある。「人は考える葦である」というのは有名な哲学者の言葉であるが，哲学者や倫理学者は健常者としての自己の体験からしか「人」を証明できないのではないか。脳科学の進歩とその成果の医療への実施により，人の感情を支配する物質やそれに関係する細胞（群）がかなり解明されていて，精神病から感情不安の治療にそれら物質が医薬品としてすでに利用されている。脳の中での感覚や認識に関係する部位も日に日に詳細に明らかにされ，精神的なものも脳の産物であるという「全脳的」な考え方も根拠を増しつつある。考えることに「人」の意義を認める者にとって隔離された子供が通常の「人」の思考が困難な例や，精神障害者や，胎児などの場合，これらを「人」と定義できるのか。

⑤ 「人」とはなにか　以上に述べた問いに対して簡単に答えを引き出すことはできない。むしろ「ヒト」と「人」との間には論理的に論証可能な境界は見いだせないと考えられる。「人」とはそれ自体自明なものではなく，それを考える個人が「自己」と同等視できる対象（自己と同じか似ているものとして感情移入できる対象）を「人」として「生存権」などを認める恣意的な定義に基づくものではないだろうか。したがって，コミュニティにより，殺してもよい「人」もありえるし，殺してはならない「動物」も存在することになる。これらの考え方はそのコミュニティに特有な宗教，歴史，慣習にも左右される。読者は「生命倫理」にはこのような問題点が多々あることを認識したうえで，「生命倫理」の書物を読んで判断されたい。

引用・参考文献

1）　村上喜良：基礎から学ぶ生命倫理学，勁草書房（2008）
2）　塩野　寛・清水惠子：生命倫理への招待3版，南山堂（2007）
3）　文部科学省告示：研究機関等における動物実験等の実施に関する基本指針
　　　http://www.mext.go.jp/b_menu/hakusho/nc/06060904.htm（2010年1月現在）
4）　厚生労働省の所管する実施機関における動物実験等の実施に関する基本指針
　　　http://www.mhlw.go.jp/general/seido/kousei/i-kenkyu/index.html#7（2010年1月現在）
5）　生命のはじまりに関する教書，教皇庁文書，カトリック中央協議会（1987）

7 知的財産権の保護

　生命工学分野では，研究が企業化できる技術と密接に関連している場合が多い。生命工学により得られた成果を保護するためには知的財産権に関する基本的な知識を備えておくことが必要である。したがって，大学・専門学校などの教育機関においても知的財産権全体に対する理解を深めて，研究成果・データの管理や公開について特許に関連する規則を学ぶことが必要である。各種知的財産権の取得などの実際については他書を見られたい[1,2]。ここでは生命工学（バイオテクノロジー）における特許の問題点，および農林水産分野における問題点について述べる。

7.1 生命工学と知的財産権

　わが国産業の国際競争力を強化し，経済を活性化していくために，政府は知的財産戦略を樹立し必要な政策を強力に進めていくために，2003年に知的財産基本法が制定された。知的財産基本法[3]第二条には以下のように「知的財産」，および「知的財産権」が定義されている。

　第二条　この法律で「知的財産」とは，発明，考案，植物の新品種，意匠，著作物その他の人間の創造的活動により生み出されるもの（発見又は解明がされた自然の法則又は現象であって，産業上の利用可能性があるものを含む。），商標，商号その他事業活動に用いられる商品又は役務を表示するものおよび営業秘密その他の事業活動に有用な技術上又は営業上の情報をいう。

　2　この法律で「知的財産権」とは，特許権，実用新案権，育成者権，

表 7.1 知的財産権一覧

知的財産権	特許権	実用新案権	意匠権	商標権	回路配置利用権	育成者権	著作権
関連法令	特許法	実用新案法	意匠法	商標法	半導体集積回路の回路配置に関する法律	種苗法	著作権法
所管(登録)官庁	経済産業省特許庁	経済産業省特許庁	経済産業省特許庁	経済産業省特許庁	経済産業省	農林水産省	文部科学省文化庁
保護される権利	「発明」を保護	物品の形状等の考案を保護	物品のデザインを保護	商品・サービスで使用するマークを保護	半導体集積回路の回路配置の利用を保護	植物の新品種を保護	文芸、学術、美術、音楽、プログラム等の精神的作品を保護
概要	発明の要件①産業上利用することができること、②新規性があること、③進歩性があること、④先願のものであること、⑤特許を受けることのできない発明でないこと	基礎的要件のみを審査し、実体的審査(新規性や進歩性)を省略した無審査登録制度によって早期に権利が与えられる。		商品を表示するもの(トレードマーク)、サービスを表示するもの(サービスマーク)に分けられ、文字や図形、記号などの平面的なものだけでなく、看板や立体的な形などのものも登録可能である。		品種の育成の振興、指定種苗の表示に関する規制等による種苗の流通の適正化などを目的とする。	思想または感情の創作的な表現となるもの(文芸、学術、美術または音楽の範囲に属するもの)のほか、コンピュータプログラムやデータベースなど情報技術に関連するものも含まれる。汎用性のあるソフトウェアの場合は著作権に加えて特許出願することで、より強い権利として保護・活用できる可能性である。
権利の発生	登録による	登録による	登録による	登録による	登録による	登録による	創作した時点で自動的に権利発生
権利期間	出願から20年(一部25年に延長)	出願から10年	登録から20年	登録から10年(更新あり)	登録から10年	登録から25年(樹木30年)	創作時から死後50年(法人は公表後50年、映画は公表後70年)

意匠権，著作権，商標権その他の知的財産に関して法令により定めら
れた権利又は法律上保護される利益に係る権利をいう。

ここに書かれているように，知的財産権にはいろいろな種類があり，それぞれについて異なる法律で定められている。特許権，実用新案権，意匠権，商標権については従来工業所有権（現在でも特許庁の所管である）と総称されてきたが，工業以外の商業，農業を含む広い産業を含んでいる。

このため，現在では工業所有権に代わり，産業財産権と呼ばれるようになった。

わが国の知的財産権一覧を**表 7.1** に示した。

7.2 バイオテクノロジーにおける特許の問題点

従来の特許のかかわる範囲は主として機械や電気といった工業分野であり，生命工学分野の特許はこれらのものとかなり異なる。特許庁では特許・実用新案審査基準を出しているが，第Ⅶ部特定技術分野の審査基準第 2 章生物関連発明[4]および付録に多くの指針と事例が掲載されている。バイオテクノロジーの分野は特に国際的な結び付きが強いため，これに関連した発明については，日米欧三極特許庁会合が開かれ調整が行われている。

バイオテクノロジー特有の問題としてどのようなものがあるか，数点を挙げておく。全般的なことについては参考書[5]を見られたい。

7.2.1　特許請求権の範囲

情報を法律によって保護する場合，保護の対象を特定しないと権利者にとってなにが保護されているのかが不明確となるため，特許法では特許の対象となる情報をクレーム（保護を求めようとする特許請求の範囲，権利を要求する範囲，複数の発明を箇条書きにした形式の場合，各項目は請求項と呼ばれる）として特定する。日本の特許法においては，情報を特定する手段として①「物」としてクレームすること（product claim），および②方法としてクレームすること（process claim）を規定している。

もともと特許は機械や電気の分野の発明が主であった。これらの分野では，発明特定事項を図面などによる記載や図示ができ，作用を理解することが可能で，発明の効果や産業の発展への貢献を比較的容易に説明できる。これに比べて，化学やバイオテクノロジー関係の発明の本質が実験にあるため，明細書の一般記載や図面などの記載だけでは，発明特定事項によってその発明の特有の「効果が奏される」ことを理解するのは困難であり，実験例が存在して初めて，発明特定事項によってその発明の特有の「効果が奏される」ことが理解可能となることが多い。この実験例の提示の仕方により，発明の効果が明細書に記載の実施例（実験例）によって実証されている範囲より広い特許クレームがありえるし，その権利範囲をどのように解釈するかなどの問題が起こる。発明者はでき得る限り広いクレームを望み，この発明がパイオニア発明であれば，公知例が少ないので広いクレームが可能であるが，明細書の開示の程度によっては広いクレームは実施可能要件との関係で問題をはらむこととなる[6),7)]。

7.2.2　特許の対象となり得るもの

特許庁の「生物関連発明」についての審査基準では，生物には，微生物（微生物自体，その利用法など），動植物（動植物自体，その一部，その作出方法や利用法など）のほか，増殖可能な動植物の細胞（形質転換体，融合細胞など）も含めている。

7.2.3　タンパク質立体構造の場合

タンパク質立体構造の解明により

① インシリコスクリーニング（コンピュータ上でのリード化合物のスクリーニング）

② 改変体の作成（コンピュータ上での特定部位の置換などによるタンパク質の改良）

③ ホモロジーモデリング（コンパラティブモデリング）

④ 構造のホモロジーに基づく機能推定

が可能となるので，解明された立体構造情報が特許の対象となり得るかという問題がある。①，②は要件を満たせば「方法」としてのクレームが成立し，また，上記の方法により得られた化合物やタンパク質が得られ，所期の性質を示せば，それらは「物」としてのクレームが成立し得る[8]。

7.2.4 生命倫理と特許（ヒト試料・医療行為）

「産業上利用することができる発明」に該当しないものの一つとして，人間を手術，治療または診断する方法，すなわち「医師（又は医師の指示を受けた者）が人間に対して手術，治療又は診断を実施する方法であって，いわゆる「医療行為」と言われているもの」が規定されている。これは患者を救わなければならないときに高額な特許実施料の支払いで手術，治療又は診断を実施できないのは人道上許されないという考え方による。米国では特許法上その対象を除外せず，人や動物に対する治療・診断・手術方法も特許の対象としたうえで，特許権の効力は医師の実施に及ばないとしている。この場合，装置や医薬品，バイオテクノロジー特許は除外されているので，バイオテクノロジーを用いた遺伝子治療は医療行為に該当しないことになる[9]。

生命倫理との問題では，ヒトクローン技術などヒト試料に関する特許が特許法第32条「項の秩序，善良の風俗又は公衆の衛生を害するおそれがある発明については，第29条の規定にかかわらず，特許を受けることができない」に抵触すると考えられているが，これはヒト胚での規制法などで問題にすべきもので，特許法の問題ではないとも考えられている。規制法は技術の進歩で変更される可能性があるので，先の発明が規制法に忠実で特許が許可されなかったものに対して，あとの開発に特許が与えられる可能性なども考慮しなければならないからである。

7.3 農林水産業（生物生産）における問題点

7.3.1 農林水産業における知的財産

「工業」を念頭に置いてきた「知的財産」に対して，従来，農林水産業は自

然を相手として生産活動を行い，自然の恵みとして農林水産物を得るもので，「知的財産」とは無関係であると考えられがちであった。また，行政や研究に携わる農林水産業関係者にも，農林水産業における「知的財産」の意識が薄かった。しかし，近年，わが国で育成されたイチゴ，イグサ，サクランボなどの品種が海外に違法に持ち出されて生産されたり，過去に輸出した和牛の遺伝資源が利用されるなど丹精してつくり上げた戦略的作物の栽培技術や遺伝資源が海外に流出し，国内農林水産業への影響が出てきているため，農林水産業における「知的財産」が問題視されるようになった。

農林水産・食品分野での知的財産権にはつぎのようなものが挙げられる。

・育成者権（種苗法による植物の新品種の保護）
・特許権および実用新案権（有用機能が解明された遺伝子，作物の生育をよくするための新規栽培方法など）
・商標権（食品などに付けるマーク・ブランド）
・意匠権（使いやすい農機具など）

これらの知的財産権以外にも，古くからの農業技術や，作物や家畜などの遺伝資源，さらに伝統的な食文化なども「知的財産」に含まれるものとして守り育てるため，農林水産業・食品産業分野における知的財産に精通した人材を育成する必要がある。

7.3.2 特　　　許

農業分野で特許の保護の対象となるのは，植物の育種・交配・栽培などの方法，新種の微生物やその利用方法，農業機械や農具・肥料・農薬などがある。また，食品の調理方法・装置・保存方法なども保護対象となる。

今後，作物や家畜などの有用遺伝子特許の取得が課題となろう。植物の新品種は，種苗法による品種登録制度があるが，特許制度の対象にもなり得る。次項で特許法と種苗法との関係に触れる。

7.3.3 種 苗 法

種苗法[10]は,「新品種の保護のための品種登録に関する制度,指定種苗の表示に関する規制等について定めることにより,種の育成の振興と種苗の流通の適正化を図り,もって農林水産業の発展に寄与することを目的とする」(種苗法第1条)法律である。種苗法は,もともと農作物の新品種の保護を目的としていたが,その後,1991年に改正された「植物の新品種の保護に関する国際条約」に基づき,知的財産権として保護を強化するべきという視点も踏まえて1998年に法改正された[11]。この国際条約は,その条約に基づいて設立された国際機関である植物新品種保護国際同盟(Union internationale pour la protection des obtentions végétales)の略称をとってUPOV条約と通称され,植物の新品種を育成者権という知的財産権として保護することにより,植物新品種の開発を促進するための植物新品種の保護の水準などについて国際的なルールを定めている。UPOV条約は,特許におけるパリ条約と同様の位置付けである。

育成者権は品種登録により発生する権利で,その存続期間は,品種登録の日から25年(果樹等の永年性植物については30年)である。育成者権者は登録品種および登録品種と特性により明確に区別されない品種を業として利用する権利を専有する。

植物の新品種に関しては,品種登録制度の他,特許制度の対象にもなり得る。特許法は,「発明」という創作物を保護し,種苗法は,「品種」という創作物を保護する点では共通しており,種苗法と特許法には共通点が多い。しかし,特許法による保護と種苗法による保護とでは,細部において相違が認められる。

7.3.4 商 標 権

農林水産物・食品は従来国内向けが主であり,これらの名称に特に注意が払われてこなかったが,近年,農林水産物・食品の輸出が行われるようになり,中国による日本ブランド商標登録の問題などで,にわかに商標の問題がクローズアップされるようになり,農林水産物・食品名の商標化が進められている。

また，大量生産・低コスト化を目指すことのできない国内産地の生き残り策として，各地域の特産品の地域ブランド化が叫ばれるようになった。2006年4月には商標法の改正・施行により「地域団体商標」制度が設けられ，「地域名」と「商品・サービス名」とを組み合わせた商標が認められるようになった。

商標権全般については特許庁の該当ページを参照されたい[12]。

引用・参考文献

1) 隅藏康一：これからの生命科学研究者のためのバイオ特許入門講座，羊土社 (2003)
2) 渡邉睦雄：津国特許事務所知財研究会 補訂，化学とバイオテクノロジーの特許明細書の書き方読み方 / 研究者と特許担当者のための手引書，発明協会 (2007)
3) 知的財産基本法
   http://law.e-gov.go.jp/htmldata/H14/H14HO122.html（以下，URLは2010年1月現在）
4) 特許庁
   http://www.jpo.go.jp/cgi/link.cgi?url=/shiryou/kijun/kijun2/tukujitu_kijun.htm
5) 日本感性工学会IP研究会 編著：遺伝子ビジネスとゲノム特許，経済産業調査会（2001）
6) 相沢英孝：バイオテクノロジーの特許法による保護について——技術の進歩と特許法の将来への序論——，バイオテクノロジーの進歩と特許，（財）知的財産研究所 編，p.7，雄松堂出版（2002）
7) 廣田浩一：広い特許クレームの解釈について——特に化学・バイオ関連発明の場合——，パテント 58, 21 (2005)
8) 隅藏康一：タンパク質立体構造解析成果への特許付与のあり方，バイオテクノロジーの進歩と特許，（財）知的財産研究所 編，p.43，雄松堂出版（2002）
9) 浅見節子：我が国におけるバイオテクノロジーの特許保護の現状と課題，バイオテクノロジーの進歩と特許，（財）知的財産研究所 編，p.89，雄松堂出版（2002）
10) 種苗法
    http://law.e-gov.go.jp/htmldata/H10/H10HO083.html
11) 小林正：レファレンス（The Reference), 55, 17 (2005)
12) 特許庁：商標について
    http://www.jpo.go.jp/index/shohyo.html

8 生物多様性と遺伝資源の保全

　生物の多様性，生物多様性（biodiversity）という用語は，生物学的多様性（biological diversity）を意味するもので，近年，自然環境保護や遺伝子組換え生物の出現により，関心を呼び一般に使われるようになった。この生物の多様性とそれらを維持している遺伝資源はあらゆる生物を守るうえでも，また，生命工学で扱う素材としも重要であるのでここにまとめておく。

8.1　生物多様性の保全

8.1.1　生物多様性とは

　生物の多様性についてはさまざまな定義があるが，ここでは「生物の多様性に関する条約（生物多様性条約）」[1]第二条 用語 に定められている，つぎの定義を関連する用語の定義とともに挙げておく。

　「生物の多様性」とは，すべての生物（陸上生態系，海洋その他の水界生態系，これらが複合した生態系その他生息又は生育の場のいかんを問わない）の間の変異性をいうものとし，種内の多様性，種間の多様性及び生態系の多様性を含む。

　「生物資源」には，現に利用され若しくは将来利用されることがある又は人類にとって現実の若しくは潜在的な価値を有する遺伝資源，生物又はその部分，個体群その他生態系の生物的な構成要素を含む。

　「バイオテクノロジー」とは，物又は方法を特定の用途のためにつくり出し又は改変するため，生物システム，生物又はその派生物を利用する応用技術を

212   8. 生物多様性と遺伝資源の保全

いう．

「遺伝素材」とは，遺伝の機能的な単位を有する植物，動物，微生物その他に由来する素材をいう．

「遺伝資源」とは，現実の又は潜在的な価値を有する遺伝素材をいう．

生物の誕生以来約40億年，生物は地球上で環境に適応して進化し，総数500万から1億と見積もられているさまざまな種に分化してきた．この生物の多様性はまた，山地，河川，湖，湿地，森林，砂漠，農地，都市などにおける生態系の多様性と密接にかかわり，絶えず変化している．一方，さまざまな人間活動，人為の影響によって，生物多様性保全上の危機，問題が生じていることを認識しなければならない．

8.1.2 生物の多様性に関する条約（生物多様性条約）とカルタヘナ議定書

5.1.1項で述べたように，生物の多様性に関する条約（生物多様性条約 Convention on Biological Diversity：CBD)[1]は，1992年6月の国連環境開発会議（地球サミット，UNCED）で採択され，1993年12月に発効した条約で，「絶滅のおそれのある野生動植物の種の国際取引に関する条約」のような特定の行為や特定の生息地のみを対象とするのではなく，野生生物保護の枠組みを広げ，地球上の生物の多様性を包括的に保全につとめ，持続可能な利用をも目指している．

また，この条約第19条3に基づき，遺伝子組換え作物などの輸出入時に輸出国側が輸出先の国に情報を提供，事前同意を得ることなどを義務づけた国際協定「バイオセーフティに関するカルタヘナ議定書（カルタヘナ議定書，バイオ安全議定書）」[2]が定められた．

わが国では，2003年6月に「遺伝子組換え生物等の使用等の規制による生物の多様性の確保に関する法律」（カルタヘナ法）が制定され，2004年2月19日にわが国においてカルタヘナ議定書が発効した．

8.1.3 生物多様性の保全

〔1〕 生物多様性国家戦略

国家レベルで個々の生物種を保護するために，その国の生物種とその生息地の実際のデータを詳細に記載し，それらを保護するための必要な手順を明記した生物多様性行動計画が必要である。わが国では生物多様性国家戦略として，まず1995年10月に決定され，2007年11月に「第三次生物多様性国家戦略」が閣議決定された[3]。過去100年の間に破壊してきた国土の生態系を100年をかけて回復する「100年計画」や，「基本戦略」がまとめられている。

〔2〕 保全の意義

生物多様性の保全には，生息域内保全（生物の本来の場所（*in situ*）での保全）と生息域外保全（別の場所（*ex situ*）での保全）とがある。生育域内保全活動は保護地域の設定など生育環境の保全があり，絶滅危惧種の生育地域の保全が重要である。絶滅のおそれのある野生生物についてはIUCN（国際自然保護連合）および環境省によるレッドデータブック（RDB）[4]に記載され保護活動が行われている。生育域外保護活動には遺伝資源の収集保全や人工繁殖などがあり，絶滅危惧種についても生育ないし保全が困難な種については生育域外保護が行われている。ワシントン条約に関連する国内法として，1992年に「絶滅のおそれのある野生動植物の種の保存に関する法律」（種の保存法）[5]が制定された。

生物多様性の保全には野生の生物およびその生育環境を守るという意義の他に，生命工学の進歩により生物の資源としての利用の意義が高くなり，経済的な価値をもつ製品（食品・薬品・化粧品など）を生み出す資源の供給源として生物多様性が重要視されている。この生物多様性を資源とみなす考え方は，天然資源の分配・割当のルールに関する新しい衝突を引き起こすもとにもなっている。生物多様性条約（CBD）は遺伝資源を含む天然資源に対する各国の主権的権利を認めるとともに，遺伝資源を利用する際には，資源提供国の事前同意を得ること，遺伝資源の利用から生ずる利益は公正かつ衡平に配分することを定めている。

上記のように生物資源は遺伝資源としてとらえられることができ，これらの保全については次節でまとめて述べる。

8.2 遺伝資源の保全

8.2.1 遺伝資源とは

「遺伝素材」と「遺伝資源」は前述の生物多様性条約に定められている。

遺伝学の立場では，生物多様性とは遺伝子や個体の多様性のことであり，生物多様性保全の一環として遺伝的多様性保全の重要性が指摘されている。長い進化過程の末に残されてきた生物の遺伝子は，それ自体が貴重であり，人間にとっての有用性にかかわらず保護を図るべきと考えられる。ことに近年，生物を生命工学の進展により医薬品開発，農作物や家畜の育種，そのほかのバイオテクノロジーの素材や材料として考えた場合，すべての生物が役に立つ可能性をもち，野生生物に限らず，農作物や家畜等の品種や系統も重要な遺伝資源である。これら遺伝子源は食品，医薬品，工業原料の素材としての利用が考えられる。

8.2.2 遺伝資源の収集と保全

遺伝資源の収集と保全は従来，博物学的立場から行われてきたが，近年の生命工学の進歩により，むしろ，医薬学的，産業的観点からその重要性が認められて多方面でその充実が求められている。

これら遺伝資源はその対象により，カルチャーコレクション，微生物バンク，細胞バンク，DNAバンクなどと呼ばれるが，高等生物個体のコレクションも含めて生物資源（バイオリソース，bio-resouece）や遺伝資源（genetic resources）と総称される。これらにアクセスできるURLサイトのいくつかを文献[6]〜[10]に挙げておく。

また，特許にかかわる微生物の保存は産業上重要であり，特許手続上の微生物の国際寄託に関してはブダペスト条約（特許手続上の微生物の寄託の国際承認に関するブダペスト条約）[11]が1977年にブダペストで締結され，1980年に

発効し日本は同年に加入している。本条約上の国際寄託当局としては独立行政法人産業技術総合研究所特許生物寄託センター[12]と独立行政法人製品評価技術基盤機構特許微生物寄託センター[13]があり，複数国へ出願する場合，微生物を国ごとでなく上記の機関への寄託のみですますことができる。

引用・参考文献

1) 生物多様性条約（生物の多様性に関する条約（CBD））
   http://www.mofa.go.jp/mofaj/gaiko/kankyo/jyoyaku/bio.html（以下，URLは2010年1月現在）
2) 環境省：バイオセーフティクリアリングハウス（J-BCH）カルタヘナ議定書
   http://www.bch.biodic.go.jp/bch_1.html
3) 第三次生物多様性国家戦略
   http://www.biodic.go.jp/nbsap.html
4) 生物多様性情報システム：レッドデータブック
   http://www.biodic.go.jp/rdb/rdb_f.html
5) 絶滅のおそれのある野生動植物の種の保存に関する法律（野生動植物保存法，種の保存法）
   http://www.env.go.jp/nature/yasei/hozonho/index.html
6) ナショナルバイオリソースプロジェクト（NBRP）情報公開サイト
   http://www.nbrp.jp/
7) 独立行政法人 理化学研究所 筑波研究所 バイオリソースセンター
   http://www.brc.riken.go.jp/
8) Bio-Resouece Network-バイオリソースネットワーク
   http://bio.tokyo.jst.go.jp/biores/
9) 世界の遺伝資源関連情報サイト
   http://www.shigen.nig.ac.jp/wgr/top/top.jsp
10) 農業生物資源ジーンバンク微生物部門に関連するサイト
    http://www.gene.affrc.go.jp/links.php?section=micro
11) ブダペスト条約（特許手続上の微生物の寄託の国際承認に関するブダペスト条約）
    http://www.jpo.go.jp/shiryou/s_sonota/fips/budapest/bt/mokuji.htm
12) 独立行政法人産業技術総合研究所特許生物寄託センター
    http://unit.aist.go.jp/pod/ci/index.html
13) 独立行政法人製品評価技術基盤機構特許微生物寄託センター
    http://www.nbrc.nite.go.jp/npmd/

索　　引

【あ】

アゴニスト	66
アディポカイン	70
アデニン	14
アニーリング	16
アニール	16
アノテーション	112
アポトーシス	37
アミノアシル　tRNA 合成酵素	49
アミノ酸	20
アラキドン酸	31
アレロパシー	72
アロステリック効果	56
アロステリック制御	56
アンタゴニスト	66
アンチコドン	48
アンチセンス鎖	42
暗反応	60

【い】

鋳　型	42
育成者権	209
遺伝子	5
遺伝子鑑定	139, 142
遺伝子組換え家畜	175
遺伝子組換え食品	178
遺伝子組換え生物	191
遺伝子組換え農作物	169
遺伝資源	212
遺伝子検査	139, 167
遺伝子診断	139
遺伝子多型	97
遺伝子治療	143
遺伝素材	212
イムノグロブリン	75
インターフェロン	70
インターロイキン	69
イントロン	44
インフォームドコンセント	198

【う】

ウイルス	35
ウイルスベクター	146
ウラシル	18

【え】

エイコサノイド	32, 69
栄養機能食品	180
エキソン	44
エピジェネティクス	63
エピトープ	77

【お】

応答エレメント	42
オータコイド	69
オープンリーディング　フレーム	48
オミックス	10

【か】

開始コドン	48
害虫抵抗性作物	171
解　糖	59
化学シナプス	68
核　酸	14
核酸医薬	133
核磁気共鳴	107
カスケード	32
カスパーゼ	37, 71
活性中心	54
活性部位	54
顆粒球	75
カルタヘナ議定書	189, 212
カルタヘナ法	189
カルビン－ベンソン回路	60
環境ホルモン	186
還元末端	26
幹細胞	63

【き】

器　官	38
基質結合部位	54
基質特異性	54
キチン	26, 166
キトサン	26, 166
機能性食品	180
逆転写	48
逆転写酵素	48
キャピラリー電気泳動	101
共免疫沈降法	104

【く】

グアニン	14
クエン酸回路	59
クオラムセンシング	73
組換え実験指針	189
グリコーゲン	26
クレーム	205
クロスリンカー法	105

【け】

蛍光共鳴エネルギー移動	103
蛍光相関分光	102
蛍光タンパク質	122
蛍光標識	119
蛍光偏光解消	103
ゲノミクス	10
ゲノム	7
ゲノム創薬	129
原核生物	33
現象論	2
減数分裂	36

【こ】

高エネルギー化合物	59
光化学系 I	60
光化学系 II	60
光化学反応	60
工業所有権	205
抗　原	73
抗原決定基	77
抗原提示細胞	74
光合成	60

索引

酵素	54, 156	主要組織適合抗原	78	側鎖	20
構造論	2	受容体	65	組織	38
酵素リアクター	124	商標権	210	組織培養	116
抗体	73, 75	情報伝達	65	疎水結合	13
抗体医薬	132	食細胞	75		
光リン酸化	60	触媒部位	54	【た】	
呼吸鎖	59	植物ホルモン	72	体細胞クローン	174
極低温電子顕微鏡	109	除草剤耐性作物	171	体細胞超変異	77
古細菌	33	真核生物	33	体細胞分裂	35
固定化酵素	124	神経栄養因子	70	体性幹細胞	65
固定化生体触媒	124	信号伝達	65	多型	97
コドン	48	真正細菌	33	多能性	65
個別化医療	150			ターミネーター	42
ゴールデンライス	172	【す】		炭化水素含有微細藻類	161
コンポスト	185	水晶発振子マイクロバランス法	102	単球	74
		水素結合	13	タンパク質	20
【さ】		ステロイド	32	——の1次構造	20
再生医療	152	ステロール	32	——の2次構造	24
サイトカイン	69	スニップス	97	——の3次構造	24
細胞	32	スプライシング	44	——の4次構造	24
細胞周期	36			——のプロセシング	51
細胞傷害因子	70	【せ】		タンパク質間架橋法	105
細胞増殖因子	70	生活の質	198	タンパク質脱リン酸酵素	71
細胞内注入	118	成体幹細胞	65	タンパク質立体構造	206
細胞培養	116	生態系	82	タンパク質立体構造モデリングプログラム	111
細胞分裂	35	静電的相互作用	11	タンパク質リン酸化酵素	71
サブユニット	24	生物資源	211, 214		
作用部位タンパク質	149	生物多様性条約	189, 212	【ち】	
酸化的リン酸化	60	生物の多様性	211	知的財産	203
産業財産権	205	生分解性資材	158	知的財産権	203
三倍体	176	生命倫理	196	チミン	14
		セカンドメッセンジャー	70, 71	中性子線	107
【し】					
シアル酸	27	セカンドメッセンジャー発生分子	71	【つ】	
シグナル伝達	65	世代時間	36	ツーハイブリッド法	103
脂質	28	セルロース	26, 161		
脂質二重層	31	全雌生産	176	【て】	
システム生物学	113	染色体	6	テイラーメード医療	150
システムバイオロジー	113	センスコドン	48	デオキシリボ核酸	14
シトシン	14	センス鎖	42	デオキシリボヌクレアーゼ	57
シナプス	68	セントラルドグマ	39	データベース	113
シャペロン	52	全能性	64	テロメア	41
終結コドン	48			テロメラーゼ	41
主鎖	20	【そ】		転移RNA	43
受精卵移植	173	造血因子	70	電気シナプス	68
受精卵クローン	174	相補的DNA	48	電子伝達系	59
種苗法	209	創薬ターゲット分子探索	130	転写	38, 41
主要組織適合遺伝子複合体	78				

転写因子　　　　　　　　42
転写制御因子　　　　　　42
デンプン　　　　　26, 161

【と】

糖鎖　　　　　　　　　　24
特定保健用食品　　　　 180
特許　　　　　　　205, 208
特許請求の範囲　　　　 205
ドラッグデザイン　　　 129
トランスクリプトミクス 10
トランスクリプトーム　　9
トランスジェニックマウス
　　　　　　　　　　　105
トランスフェクション　118
貪食細胞　　　　　　　　75

【な】

内分泌攪乱化学物質　　 186

【に】

2次元電気泳動　　　　　99

【の】

脳死　　　　　　　　　198
ノックアウトマウス　　 105

【は】

胚　　　　　　　　　　　61
バイオ医薬品　　　　　 131
バイオインフォマティクス
　　　　　　　　　　　111
バイオエシックス　　　 196
バイオエタノール　　　 161
バイオオーグメンテーション
　　　　　　　　　　　184
バイオコンバージョン　 185
バイオスティミュレーション
　　　　　　　　　　　184
バイオセンサー　　　　 125
バイオディーゼル燃料　 163
バイオテクノロジー　　 211
バイオマーカー　　　　 150
バイオマス　　　　　　 159
バイオマスプラスチック 165
バイオミネラリゼーション
　　　　　　　　　　　184
バイオモニタリング　　 185
バイオリアクター　　　 124

バイオリソース　　　　 214
バイオレメディエーション
　　　　　　　　　　　184
胚性幹細胞　　　　64, 154
胚性生殖細胞　　　　　154
胚盤胞　　　　　　　　　61
ハイブリドーマ　　　　 118
配列情報　　　　　　　 112
白血球型抗原　　　　　　78
ハップマップ　　　　　　98
ハプテン　　　　　　　　77
ハプロタイプ　　　　　　97
ハプロタイプ地図　　　　98
万能性　　　　　　　　　64

【ひ】

非ウイルスベクター　　 146
飛行時間型質量分析装置 100
非コード RNA　　　　　43
ヒト ES 細胞　　　　　193
人クローン　　　　　　 192
ヒトゲノム　　　　　　 193
ビューアー　　　　　　 111
表面プラズモン共鳴　　 102
品種改良　　　　　　　 168
品種登録　　　　　　　 209

【ふ】

ファーウェスタン法　　 104
ファージディスプレイ法 104
ファーストメッセンジャー
　　　　　　　　　　　　70
ファーマコゲノミクス　 146
フェロモン　　　　　　　73
複合糖質　　　　　　　　27
複製　　　　　　　　38, 39
プライマー　　　　　　　39
プラス鎖　　　　　　　　42
ブラストシスト　　　　　61
プルダウンアッセイ法　 105
プレプロ酵素　　　　　　55
プロ酵素　　　　　　　　55
プロテアーゼ　　　　　　58
プロテイナーゼ　　　　　58
プロテインキナーゼ　　　71
プロテインホスファターゼ
　　　　　　　　　　　　71
プロテオーム　　　　　　10
プロモーター　　　　　　42

分化　　　　　　　　　　63
分散力　　　　　　　　　14
分子標的治療薬　　　　 132

【へ】

ペプチダーゼ　　　　　　58
ペプチド　　　　　　　　20
ペプチド結合　　　　　　20

【ほ】

補体　　　　　　　　　　76
ポリクローナル抗体　　　78
ホルモン　　　　　　　　68
翻訳　　　　　　　　38, 48
翻訳後修飾　　　　　　　51

【ま】

マイクロアレイ　　　　　92
マイクロインジェクション
　　　　　　　　　　　118
マイクロマニピュレーション
　　　　　　　　　　　118
マイナス鎖　　　　　　　42
マクロアレイ　　　　　　93
マスター遺伝子　　　　　63

【み】

ミトコンドリア　　　　　34

【め】

明反応　　　　　　　　　60
メタゲノミクス　　　　 181
メタゲノム解析　　　　 181
メタン発酵　　　　　　 163
メッセンジャー RNA　　43
免疫　　　　　　　　　　73
免疫グロブリン　　　　　75

【も】

木質チップ　　　　　　 164
木質ペレット　　　　　 164
モデラー　　　　　　　 111
モノクローナル抗体　　　78

【や】

薬物代謝酵素　　　　　 148
薬物トランスポーター　 148
薬理ゲノミクス　　　　 146

索引　219

【ゆ】

誘導万能幹細胞	155
ユビキチン―プロテアソームシステム	52

【よ】

葉緑体	34

【り】

リセプター	65
立体構造データベース	111
立体構造表示プログラム	111
リボ核酸	17
リボザイム	45
リボソーム	34
リボソーム RNA	43
リボヌクレアーゼ	58
量子ドット	123
緑色蛍光タンパク質	122
リンパ球	74

【れ】

レセプター	65

【ギリシャ文字】

α ヘリックス	24
β シート	24

【数字】

2D 電気泳動	99

【B】

BDF	163
B 細胞	74

【C】

C_3 植物	61, 173
C_4 植物	61, 173
CBD	212
cDNA	48
Co-IP	104

【D】

DNA	14
DNase	57
DNA 鑑定	142
DNA チップ	93

【E】

EC 番号	54
ES 細胞	154

【F】

FCS	102
FRET	103

【G】

GFP	122
GMO	179, 191
GTP 結合タンパク質	71
G プロテイン	71

【I】

ICAN 法	89
iPS 細胞	155

【L】

LAMP 法	85
LMO	191

【M】

MHC	78
miRNA	44
mRNA	43

【N】

NASBA 法	89
ncRNA	43
NK 細胞	75
NMR	102, 107

【O】

ORF	48

【P】

PCR	85
PDB	111

【Q】

QOL	198

【R】

RNA	17
RNAi	46
RNase	58
RNA 医薬	137
RNA エディティング	46
RNA 干渉	46
RNA プロセシング	44
RNA 編集	46
rRNA	43

【S】

snoRNA	44
SNPs	97
snRNA	44

【T】

TCA 回路	59
TOF-MS	100
tRNA	43
T 細胞	74

【V】

van der Waals 力	14

【X】

X 線	106
X 線回折	102

---著者略歴---

1957年　東京大学理学部生物学科卒業
1959年　東京大学大学院化学系研究科修士課程修了
　　　　（生物化学専攻）
1962年　東京大学大学院化学系研究科博士課程修了
　　　　（生物化学専攻）
1963年　理学博士
1968年　東京大学助教授
1976年　東京大学教授
1994年　東京大学名誉教授
1994〜2001年　工学院大学教授

生命工学概論
Outline of Biotechnology　　　　　　　　　　　　　　Ⓒ Takahisa Ohta　2010

2010年5月17日　初版第1刷発行

検印省略	著　者	太　田　隆　久（おお　た　たか　ひさ）
	発行者	株式会社　コロナ社
	代表者	牛来真也
	印刷所	新日本印刷株式会社

112-0011　東京都文京区千石4-46-10
発行所　株式会社　コロナ社
CORONA PUBLISHING CO., LTD.
Tokyo Japan
振替 00140-8-14844・電話(03)3941-3131(代)
ホームページ http://www.coronasha.co.jp

ISBN 978-4-339-06701-9　　（横尾）　（製本：牧製本印刷）
Printed in Japan

無断複写・転載を禁ずる
落丁・乱丁本はお取替えいたします